高等院校建筑与环境艺术设计专业系列教材

环境设计手绘表达

Hand-Drawn Expression in Environmental Design

主　编
王　娟

副主编
郭贝贝　吴文超
　　　　夏　伟

中国建筑工业出版社

图书在版编目（CIP）数据

环境设计手绘表达 = Hand-Drawn Expression in Environmental Design / 王娟主编；郭贝贝，吴文超，夏伟副主编. -- 北京：中国建筑工业出版社，2024.
12. --（高等院校建筑与环境艺术设计专业系列教材）.
ISBN 978-7-112-30454-7

Ⅰ. TU-856

中国国家版本馆CIP数据核字第2024EG0236号

责任编辑：唐　旭
文字编辑：孙　硕
责任校对：赵　力

高等院校建筑与环境艺术设计专业系列教材
环境设计手绘表达
Hand-Drawn Expression in Environmental Design
主　编　王　娟
副主编　郭贝贝　吴文超　夏　伟
*
中国建筑工业出版社出版、发行（北京海淀三里河路9号）
各地新华书店、建筑书店经销
北京锋尚制版有限公司制版
临西县阅读时光印刷有限公司印刷
*
开本：787毫米×1092毫米　1/16　印张：10¼　字数：198千字
2024年12月第一版　　2024年12月第一次印刷
定价：**68.00**元
ISBN 978-7-112-30454-7
（42855）

版权所有　翻印必究
如有内容及印装质量问题，请与本社读者服务中心联系
电话：（010）58337283　QQ：2885381756
（地址：北京海淀三里河路9号中国建筑工业出版社604室　邮政编码：100037）

前　言
FOREWORD

"环境设计手绘表达"课程在西安美术学院建筑环境艺术系开授的三十多年中，经过四个阶段的教学更新，已成为一门极具成果面貌与传承体系的特色课程，教学研究与训练方法在同类院校中得到肯定与推广。随着专业的发展、行业技术的进步，该课程从依据不同的颜料、纸张、工具进行纸面类技法训练，已经逐步向电脑数字化表达演进，随着数字绘画及互联网技术的进步，设计表达的手段、方法也进入了一个新的发展阶段。数字化的多元表达方式已成为该课程技法训练重要的拓展内容，数字与信息媒介的引入也是本书的亮点。

作为国家级一流本科课程的配套教材，本书由理论基础、实践训练、鉴赏拓展三部分构成，以简明的构架形成理论的继承发展、实践的分类训练、拓展的前沿分析三大层级，并围绕学生形成不同的专业跨度与实训深度。理论部分：拓展学生专业认知，涵盖设计绘画发展历史，涉及中西方重点人物与重点形式介绍。通过绘画与设计、文化与艺术、技术与观念之间的发展与影响，使学生逐渐认知到手绘表达作为一种专业表达方法，其类型是多元化的，技术是不断演进的，而业界是不断求新求变的。实践训练部分：教材一反常规以专业分类形成实训教学模块，以大师及精英设计团队作品提升训练挑战度，前置训练要点，清晰学习目标，并从教学经验出发，设置训练要点、难点的提升方法及技巧，形成兴趣先导、难度提升、经验帮扶的闭环教学设计。鉴赏拓展部分：从"教"与"学"出发，根据训练要点，选择具有代表性的案例与作品，强调不同社会功能或专业观念下，手绘设计表达的优秀语义传达形式，同时，拓展了数字媒介新形式的手绘作品类型。

全书从框架、内容、创新出发，立足实践应用，组构专业设计表达的内涵与外延，使学生掌握多元的设计表达方法，为后续的专业学习与职业生涯打好设计基础。

王娟
2024年1月1日

目 录
CATALOGUE

Concepts and Fundamentals

第一节　手绘设计表达的社会功能与专业定位	001
一、手绘设计表达的社会功能	002
二、手绘设计表达的专业定位	005
第二节　历史与发展中的设计表达	007
一、设计表达的历史流源	007
二、中西方艺术对设计绘画的影响	012
第三节　影响表达的因素	015
一、基础——形式的主观转换	015
二、媒介——多材料技术的应用	016
三、观念——文化观主导的形式	019
第四节　手绘表达的原则	022
一、组织思维的提升性原则	022
二、传达设计的说明性原则	022
三、源于自然的抽象性原则	023

第 一 章
概念与基础

第二章
类型与训练

Types and Training

第一节　室内设计手绘表达	027
一、课程概况	028
二、训练案例	028
三、知识点	034
第二节　景观设计手绘表达	061
一、课程概况	062
二、训练案例	062
三、知识点	066
第三节　建筑设计手绘表达	098
一、课程概况	098
二、作品案例	099
三、知识点	102

第三章
赏析与拓展

Appreciation and Expansion

第一节　设计手绘作品赏析	133
一、写实风格——具象的美学表达	134
二、写意风格——抽象的哲学升华	136
第二节　设计案例手绘表达	141
一、设计案例：艺术美学的再现	141
二、设计案例：自由灵动的塑造	145
三、设计案例：理性张力的典范	149
第三节　新媒介环境设计手绘表达	150
一、新媒介在设计中的应用	150
二、环境设计手绘表达中新媒介运用	153

附录	155
参考文献	156
后记	157

Concepts and Fundamentals

第 一 章
概念与基础

设计是现代社会重要的组成部分，在生产、生活中，设计无处不在。设计是一种什么样的生产活动？手绘设计表达又在其中起到什么作用呢？

设计是一种把计划、规划、设想以及问题解决办法，通过视觉方式传达出来的活动过程，其包括计划、构思的形成，设计思维视觉传达的过程，以及创新的应用活动。手绘设计表达贯穿于设计师生产活动的主要过程中，将设计者的构思，以手绘方式形成符合认知规律、符合快速传达需求的设计手段。设计的核心是思维的创造性活动，手绘设计表达作为一种表现手段，受到社会文化、生产技术与专业定位等因素的影响而不断更新与发展。

第一节
手绘设计表达的社会功能与专业定位

The Social Function and Professional Positioning of Hand-Drawn Design Expression

如何创造性地营建人与环境间的参与方式与体验文化是设计活动的核心意向，无论是从价值角度还是资源角度看，创新的价值都是基于人群本体与社会文化需求基础。手绘设计表达在设计经验的流动与传递过程中，有着创新本体与社会人群间的形式传递桥梁作用，要形成符合社会价值功能判定的基础文化与审美指标。同时，设计活动的专业纵深发展，也对其提出了从语义到形式再现的专业迭代与进步要求。

一、手绘设计表达的社会功能

环境设计服务于我们的日常生活，人居环境中随处可见的设计文化也在不断影响着我们的生活。从设计的发展历史来看，每个阶段随着社会背景变化与新矛盾出现，设计在解决主要矛盾时，其新功能便会被凸显出来。

设计从一定角度重新塑造了人们的思维方式，使我们对城市、乡村、自然形成一种"具体"而"永久"的理想认知形式，这种文化层面的认知像是"自然而然"存在的事物，影响着我们关于世界的各种想法。即在现代文明社会中，人们普遍认为由设计师参与建造的生活环境，相比未进行梳理的环境更便利、愉快和高效，这种理想认知调和了大多数人的个体经验与环境需求，进而成为社会普遍意义与空间功能要求。

早期中西方正统的绘画很少是用来说明设计的，营建技艺的传承依靠师徒口传身授或者一些帮助工匠们完成营建活动的工具书来完成。当社会文化的发展开始对营建活动有了审美、文化、传播的需求时，单一、复制的工匠技艺已无法满足社会要求。东方的文人取代了经验丰富的工匠，开始参与到一些重要的营建活动中，很显然，在创造经典园林或卓越环境的工作中，具有更高艺术造诣与学识的画家或文人志士更为胜任（图1-1-1）。

图1-1-1　　　　　　　　　　　　　　　　　　　　　　　　　　　　　　　《拙政园图咏》之二（文徵明/明代）

在社会需求的推动下，艺术家们开始用更准确的绘画方式来表现建筑，建筑绘画开始以再现设计者非凡的创造力为目的出现了（图1-1-2）。早期西方多是以单线条形式来再现与表达设计思维，结合解剖学后逐渐形成平、立、剖、鸟瞰图等固定形式，用以说明建造的计划与设计的细节（图1-1-3）。工业革命时期，随着工艺美术运动的兴起，设计在生产加工中的核心地位被凸显，伴随着一系列新技术、新制度、新生产方式的出现，设计不断拓展出新的表达形式以贴合人们的生产与生活方式，并逐渐开始影响人们的生活和思维方式（图1-1-4、图1-1-5）。

图1-1-2
朱利叶斯二世陵墓图
（米开朗琪罗 / 意大利 / 1513年）

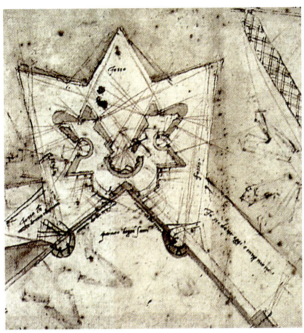

图1-1-3
佛罗伦萨德尔普拉托区防御工事草图
（米开朗琪罗 / 意大利）

图1-1-4
罗马首都广场
（米开朗琪罗 / 意大利）

图1-1-5
射石炮
（达·芬奇 / 意大利）

在人类不断营建与改造环境的活动中,这种笔绘图像的传达方式发展了数百年,形成一种被社会认知的形式语言,表达着艺术工作者解决问题的主要意向信息(图1-1-6、图1-1-7)。其以一种来源于绘画又不断向专业和科学发展的形式语言,消除人们对新事物的陌生与抵触,成就对营建活动的认知、欣赏与期待,并以崭新的环境生活体验让人们产生愉悦的环境文化追求(图1-1-8)。这一图像化的设想方式,高度符合法国媒介学家雷吉斯·德布雷(Régis Debray)对信息有效传播的言论,即任何思想内容的传播若要效率最大化,往往不依靠理论说教,而是简单的形式(图1-1-9)。例如,我国北宋时期张择端的《清明上河图》,同样属于利用视觉的传达而非说教的形式,通过民间风俗的文化共鸣,数百年后依旧能够通过受众的感观系统,形成图景带动情感与经验的主观想象(图1-1-10)。手绘设计表达这种以设计师为主导、图示化为形式的传播方式,同样是利用视觉传递将未知的、非体验的、非传统的新理念传播给受众,以主观思想营造出虚拟的想象空间,引导人们对美好环境产生愉悦与信任的情感,实现设计的推广与实施(图1-1-11)。

图1-1-6
承德避暑山庄
(样式雷/清朝)

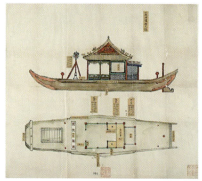

图1-1-7
慈禧太后御船
(样式雷/清朝)

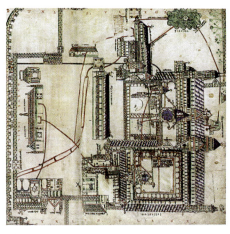

图1-1-8
坎特伯雷基督教东尼迪克修道院鸟瞰示意图
(现存最早的给排水线路设计图,选自《诠释设计手绘表达》/佚名/约1160年)

图1-1-9
巴别塔
(佚名/公元前16世纪)

图1-1-10　　　　　　　　　　　　　　　　　　　　　　　　　　　　　　　　　　　　　清明上河图（张择端/北宋）

图1-1-11　　　　　　　　　　　　　　　　　　　　　　　　文艺复兴时期的城市（选自《诠释设计手绘表达》/佚名/1500年）

二、手绘设计表达的专业定位

手绘设计表达是开设于环境设计、室内设计、景观设计、建筑设计专业的一门专业基础课程，是训练学生通过一定的技术、方法、材料、媒介，用形象化与科学性的专业语言传递设计思维的课程。在国内，从1984年环境设计专业设立至今，该课程在全国各大艺术类院校与综合院校的相关专业中作为必修课，开设于本科低年级的专业基础学习阶段。

手绘表达技能的掌握，对于学生在专业成长，创意观念的捕捉、组织、成型与表达中起着重要的支撑作用，在学生的设计创意与思维转换能力的提升中起到关键的作用。同时，对于活跃于行业的设计师，手绘表现能力对于个人职业发展也同样具备重要的助推作用。国内外设计行业中，手绘表现作为企业或团队设计生产力中不可或缺的核心能力，成为判定团队创新能力、业界专业认可度的重要指标（图1-1-12～图1-1-16）。

手绘设计表达通过手绘形式快速传递设计观念，是设计师的必备技能。高等院校人才培养中，设计表达是工具能力培养之中不可或缺的一部分。传统的课程设计，依据不同的颜料、纸张、工具进行类型化的技法训练，一般分为钢笔、彩铅、马克笔、水彩以及综合材料等不同内容进行。随着行业技术的发展，该课程也在不断地发生转变，近年来，新媒介的进步使设计表

图1-1-12
2000年悉尼奥运会概念设计
（哈格里夫斯公司/美国）

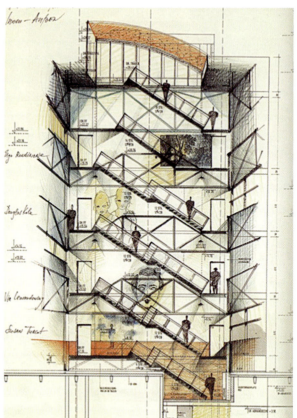

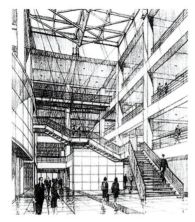

图1-1-13
静思厅概念设计草图
（慈济基金会/中国台湾）

图1-1-14
jawa塔、楼梯
（德国汉堡建筑师事务所/德国）

图1-1-15　　　　　　　　　　　　　　　　　　　　赫德尔森博物馆（小威廉姆斯·米尔/英国）

图1-1-16　　　　　　　　　　　　　　　　　　　　　　　　　　　克里西菲尔德公园（哈格里夫斯公司/美国）

达开始向数字绘画的方向发展。随着 VR 技术及信息技术的进步，设计表达的手段、方法也即将进入一个新的发展阶段。

　　环境设计的表现形式是多种多样的，无论是依靠手绘还是计算机，表现技法依旧是设计师的专业语言，我们需要通过它与专业或非专业的人们进行沟通，以此来传达设计思想与理念。通过不同时期手绘设计工具材料、技术媒介的更替，可以看到任何事物都有它的发展趋势和周期，尤其是对于新技术敏感的艺术设计领域。

第二节　历史与发展中的设计表达

Design Expression in History and Development

　　设计的功能随着社会需求的变化不断被拓展，设计表达作为传递的媒介因为设计的需求也在同步发展。从形态追随功能的角度来看，现当代的设计都是在社会需求推动下的迭代产物。社会功能的时间性演化使建筑设计首先从艺术与绘画中分离出来，之后，室内设计与景观设计又从建筑的教育或职业分工中细化出专业分支，它们之间有着无法分割的文化继承属性。从形态映射文化的角度来说，艺术形式作为文化的载体与符号，空间距离带来的差异使得东、西方在学习自然的过程中，艺术表达形式也产生了自由的、迥异的多样性价值。

一、设计表达的历史流源

（一）古典与中世纪时期

　　早在西方古典主义时期，建造活动主要依靠社会中的行会（Bauhutten）组织完成，在重视实用价值的当时，艺术家与工匠无甚差别，建筑家隶属于石匠或木匠的行会，行会内的教育以口传身授技术与经验为主。在以手的干净程度判断身份高低的时代，建筑作为艺术的一个分支，难以列入社会核心地位的"自由七艺"之中。维特鲁威在《建筑十书》中首次提出建筑师应注重"学识"而非"技艺",指出职业建筑师与世俗技师的区别,以综合的人文知识强调"学识"对建筑设计的重要性。

到了中世纪末期,行会组织下技艺精湛的工匠们渐渐难以满足社会对建筑艺术与精神的需求,随着艺术家社会地位的提升,一些知名的艺术家开始独立完成政府或贵族赞助的艺术工作(图1-2-1)。1334年佛罗伦萨政府委托没有受过建造技艺训练的画家乔托(Giotto di Bondone)设计他们大教堂的钟楼(后世称乔托钟楼),艺术家的非凡创造力更好地满足了人们对卓越建筑的审美需求。乔托钟楼时代罕见的艺术性,使人们对建筑师的理解发生深刻的改变(图1-2-2)。

(二)文艺复兴时期

意大利早期文艺复兴画家对于建筑画的形成起了关键作用。画家吉奥托(Giotto)将透视的进深感引入宗教绘画(图1-2-3),建筑师菲利波·勃鲁乃列斯基(Filippo Brunelleschi)发明了线性透视,逐渐成为当时衡量艺术家艺术造诣的标志。

在人文学者与艺术家的推动下,兴起了为恢复古希腊人文传统的社交团体,打破了行会对建筑的垄断,逐渐形成所谓的"学院"(academy)。在艺术家的"工坊"(studio)或"学院"中,素描被视为建筑师的第一技能。建筑师通过素描表现设计创意和自身的艺术素养,以此向人解释其建筑"艺术",素描表达除了形式直观外,其重要的内涵还有对"艺术"的折服。

图1-2-1　　　　　　　　　　　　　　　　　　　　创世纪(米开朗琪罗/意大利/1508~1512年)

图1-2-2
乔托钟楼
(佛罗伦萨)

图1-2-3
使用弧方法的透视
(选自《诠释设计手绘表达》/丢勒/德国/1525年)

达·芬奇（Davinci）对透视问题及其潜力很感兴趣，延续维特鲁威"人神同形论"的达·芬奇认为绘画是一门研究自然的科学，强调绘画中的数学原理（图1-2-4），精于解剖学的他在透视基础上，以素描形式将解剖图和鸟瞰图结合形成一种表现构思的新途径，用于整理设计思路，大约类似于我们常见到斜角轴测图（图1-2-5）。同时期的画家布莱蒙特（Bramante）、拉菲尔（Raffaello）、佩鲁西（Pemzzi）等又以透视、几何、数学、解剖学为基础，在直观表现的驱动下，拓展出平、立、剖面图与透视图共同成为表现设计思想的手段。平、立、剖面图和透视图几乎同时产生于文艺复兴中后期，尽管真正意义上的职业建筑师到19世纪才形成，透视图和"半"透视图一直和平、立、剖面图在很多艺术家与建筑师的设计中并存着（图1-2-6）。

（三）16~18世纪时期

16世纪中后期，出现专门教授绘画、雕塑与建筑的学院。1563年在瓦萨利（Griogio Vasarl）提议下，科西莫·德·美第奇（Cosimo de'Medici）在佛罗伦萨的老圣路加公会（Old Compagnia di San Luca）基础上创建了"迪赛诺学院"，是世界历史上第一所真正意义的美术学院。瓦萨利希望在文艺复兴巨人们创造的基础上，为艺术创立法则。学院章程规定每年选出建筑、雕塑和绘画三个门类的大师，指导各自学科的课程，提倡学习欧几里得和数学。瓦萨利

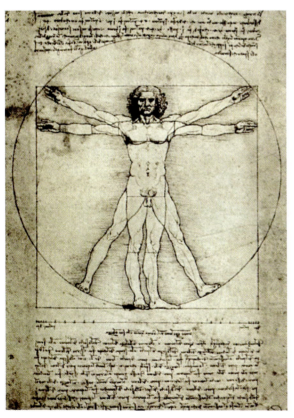

图1-2-4
方圆内的人体比例
（达·芬奇/意大利/1490年）

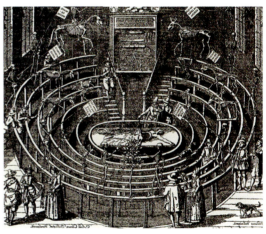

图1-2-5　荷兰莱顿解剖馆（选自《诠释设计手绘表达》/佚名/1610年）

图1-2-6
东方三博士的礼拜
（达·芬奇/意大利/1482年）

特别强调建筑的规则与比例,认为比例是适用于艺术的法则,更是优雅之美的关键;建筑透视与数学两门课程也应运而生。迪赛诺学院的教学思想从某种意义上讲,构成了后世设计教育中素质培养和艺术造诣的主体内容。

1671年法兰西学院(Academie Francajse)下设的皇家建筑学院(Academie Rovaled'Archllecture)成立,作为国家授权的艺术机构,学院将研究古典建筑奉为权威,建立完整的学术等级体系,形成"研讨会"制度,设立一年一度的"罗马奖"建筑大赛,形成以高水平的设计绘画为基础开展的研讨、展览与收藏的教学方法与学术研究传统。以此足见当时以古典素描与古典水墨为手段的建筑绘画在学院设计教学中的地位(图1-2-7)。这种传统在现代设计院校的教学活动中依然可见(图1-2-8)。

到了18世纪20年代,法国室内装饰艺术兴起了洛可可风格,设计艺术和设计绘画都发生了变化。以漩涡花饰为主题的室内装饰艺术,摒弃了古典主义的比例和数学的束缚。以线条装饰为基础的设计绘画表现的是诗意般的空间和光线。这种风格在反对僵化的古典形式、追求自由奔放与世俗情趣等方面起了重要作用。对城市广场、园林艺术以至文学都产生了影响,一度在欧洲广泛流行。

18世纪初期,英国伴随浪漫主义从园林艺术中兴起了"如画"美学观,从反对自然中的几何数理教条开始,对风景绘画的审美追求(图1-2-9)促成了英国园林中的如画式意向,一度成为西方国家园林艺术的典范(图1-2-10)。18世纪中后期"如画"美学观开始对建筑艺术产生影响,打破古典建筑的对称与规则,追求新奇与多样性。风景绘画正常视角下风景美的再现也影响建筑绘画从鸟瞰回归低视点,这种改变到了19世纪中后期变成普遍的存在。

图1-2-7
地下陵墓
(彼得罗·贡扎加/1780~1790年/现藏于芝加哥艺术学院)

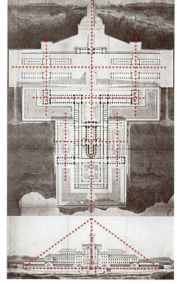

图1-2-8
阿尔济贫院
(罗马大赛图)(加代)

图1-2-9
逃往埃及的理想化风景
（克洛德·洛兰/法国/1663年）

图1-2-10
斯托海德园
（英国/建于1745~1761年）

（四）19世纪之后

1816年巴黎美术学院（Ecole des Beaux-Arts）建成，学院研习古典建筑的传统虽未改变，但相较法兰西学院，其设计竞赛教学涉及各类型，更偏重通识教育，在建筑史与建筑画史方面有重要的地位。学院非常注重建筑画本身的艺术价值，对图面的视觉水准起了很大决定作用。当时大量的公共建筑从建筑竞赛中进行选拔，甚至出现专门从事建筑绘画的"画师"。古典建筑风格的素描、水墨、钢笔建筑画盛极一时。建筑设计竞赛推动建筑绘画传播及发展的同时，以图像表达为主的建筑空间、体量与结构设计，甚至一度被二维表达所限制而停滞不前。

19世纪末20世纪初，美国设计进入高速发展阶段，建筑师、绘图师休·费理斯（Hugh Ferriss）以神秘而伟大、幽暗而热烈的建筑画风名噪一时，影响了几乎半世纪的建筑设计观念走向（图1-2-11）。他在古典渲染基础上发展了铅笔渲染技法，强调建筑的垂直美感、雕塑体量与剧场光效的完美融合，使建筑绘画成为建筑师个人理想、诗意、情感的表达（图1-2-12）。其建筑绘画甚至影响了美国的流行文化，蝙蝠侠漫画电影里面的哥谭市（Gotham City），就是最著名的例子。

19世纪中后期随着工业化发展，在社会分工趋势下，出现了专门负责绘图与透视的职业人，这些职业人中不但有擅长设计绘画的设计师，还有不少职业画家与广告画家。随着艺术与工艺美术运动发展，在实用艺术的影响下，形式追随功能的设计绘画开始弃繁就简，水彩渲染技法开始受到重视。第二次世界大战后，技术革新带来建造业突飞猛进的发展，与古典艺术绘制材料不同的水粉技法更能表现出色彩明亮、效果突出的新建筑、新空间、新城市、新产品等的面貌，逐渐开始在各个设计行业中发展起来。设计绘画开始转向对现代技术、材料、肌理乃至对象重量的追求与探索中来（图1-2-13）。

20世纪，传统的设计绘画已开始受到来自其他媒体的冲击，如摄影、模型、计算机制图等。设计分工发展后，设计师并不需要擅长这些新技术，他们设计绘画的艺术魅力已不在于"形"，而在于与作品之间相关的"情"。这一点在很多建筑大师的手稿作品中表现得尤为明显。

图1-2-11　　　　　　　　　　　　　　休·费理斯绘制建筑画

图1-2-12
曼哈顿大都市
(休·费理斯/美国)

图1-2-13
建筑水彩表现图
(选自《建筑表现艺术》/特利克哈恩公司/美国)

二、中西方艺术对设计绘画的影响

中西方绘画的产生及发展与人类社会的价值文化取向有着直接关系，绘画与设计作为不同的艺术活动，都是对文化审美的诠释。绘画作为一个多样的镜面，其更活跃、丰富与自由。设计作为一种形式构想，内涵则契合不同时期的文化价值，外化形态也受群体审美影响，故此两者之间有着非显性却密不可分的关系。

西方古典绘画注重形式美，追求更为抽象与永恒的典范性美学，反映在古希腊艺术中是对人体比例和平衡构图超越现实的完美化追求。几何学诞生之后，西方古典绘画在比例、透视、几何等学科方面的发展，形成"模仿自然"，表现"客观自然"，再现"理想自然"的价值变化。设计绘画与绘画艺术的精神追求同源，加之当时的设计绘画者同时也是艺术创作者，他们之间除了表现内容与绘画材料不同，风格、技术、艺术追求都高度相似。出现学院派设计教育后的两百年中，画家、雕塑家与建筑师的协同教学，设计绘画从艺术中汲取更多造型方法与美学规律。加之几何学、透视学、哲学等精英教育的加入，使设计绘画从艺术形式到技术科学不断形成自我固有的外化语言，形成逐步专业化发展过程（图1-2-14~图1-2-17）。

图1-2-14
雅典学院（拉斐尔/意大利/1511年）

图1-2-15
中轴对称的水墨建筑渲染图

图1-2-16

中轴对称的古典建筑立面（选自《诠释设计手绘表达》）

图1-2-17
古典水墨建筑渲染图

　　中国古典绘画注重观念表达，其艺术形式与真实的视觉世界无关，追求思想行为的深意，以及深刻而多元的美学价值，绘画技巧亦是服务于观念的需要。反映在魏晋时期兴起的山水画中是士族阶层怡情山水、观想修身需求之后而出现的古典绘画形式。山水画出现后，中国文人在其中寄托了许多自然、哲学、世俗以及时空观念，使描绘山水景观的古典绘画成为人人皆可从事的艺术审美追求以及对自然独特的认知与参与形式。这种横空出世的山水自然审美直接影响到后世对理想居住环境的绘画与营建，城市山林两相宜的艺术追求既出现在中国古典绘画中，也出现在由文人主导、参与、影响的传统园林中。而中国留存可观的古代指导营建活动的绘画亦是与传统绘画形式类似，与现实世界之间存在着一定哲学与观想距离，两者间似乎没有明确的先后之分，都是文人为了追求深刻思想的作品（图1-2-18～图1-2-21）。

图1-2-18
十二月令图轴(清院本)

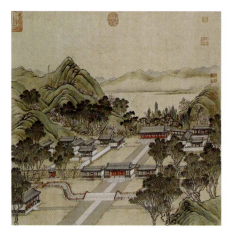

图1-2-19　　　　圆明园四十景图(清朝)

图1-2-21
惠陵勘察和营造图样(选自"清代皇家园林建设"海报/清朝)

图1-2-20
筑造清国胜景(选自样式雷图档展览/样式雷/清朝)

第三节
影响表达的因素

Factors Affecting Design Expression

在环境、建筑、空间的营建活动中,始终离不开对形式及内涵的创新、讨论与审视,而设计者的形式思维、表达能力与艺术精神也直接影响着作品的价值与生命力。绘画表现力是作为设计者不可或缺的基础能力,决定着设计初期形式探讨与质量精进的边界。在绘画基础能力过关的条件下,对多材料技法的掌握与不断更新,则更体现着设计者与时俱进的技术迭代与创新能力。有了绘画基础与技术探索能力后,讨论不同思想与观念的形式再现及语言重构能力,则更多体现了设计者对作品意识观念与生命力的追求。

一、基础——形式的主观转换

意大利画家和艺术历史学家、最早的美术学院创办人瓦沙利(Giorgio Vasari)指出:素描是绘画、雕塑和建筑三门艺术之父。20世纪40年代末建筑史学家希区柯克(Henry-Russel Hitchcock)在《从绘画到建筑》中指出,建筑从更灵活的艺术活动中汲取形式、审美、需求经验,成为普遍的发展规律。从早期中世纪的行会、法兰西皇家建筑学院、巴黎美术学院直至当代的设计教育,在艺术基础训练方面有过很多新的改革与拓展,但以形式感知为目的的绘画训练始终无法被替代(图1-3-1)。

形式的训练既古老又新意不断,近千年以来,素描、色彩等作为形式探索与反思的基础媒介,以中正与偏离交替的方式,进行着质的延伸。一般而论,仅凭个人体验是很难掌握绘画法则的,要使其成为一种形式表现的自觉习性,则需要通过大量的训练,掌握形式再现的基本规律,达到眼、手、脑的顺畅配合,直至形式思维的自觉再现。然而经典作品的出现往往不止步于单纯的绘画技巧,形式表现往往是一种艺术修养与审美的自然流露,需要对艺术经典的长期精读,甚至跨门类对设计经典的作品研读,形成良好的个人形式创造能力。这种综合而成的艺术修养在很大程度上决定着设计师创作水准的深度,对经典作品的自觉意识则决定个人作品格调的高低(图1-3-2)。

从物像而来又区别于物像的艺术形式本身也是一种特定的创意,经典形式本身就是一种带有强烈主观意识的创意(图1-3-3)。设计活动中的建筑师

图1-3-1　　巴黎歌剧院大厅室内(查里斯·加尼尔/1880年)

图1-3-2
曼哈顿河东岸局部立面
（弗朗西斯·斯维尔/加拿大/1920~1930年）

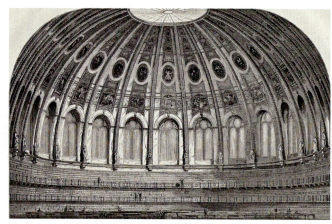

图1-3-3
英国博物馆新馆
（阿克希特韦斯特）

与设计师需要通过形式来融合功能、技术与体验，形式几乎统领着作品的整体，通过有意味的形式达成创作与设计独具一格的存在，通过具有经典价值的表现方式，建构出优秀作品的灵魂。因此优秀的设计师需要通过不断地艺术训练与形式思考，形成对未知形式敏锐且独到的感悟能力，拥有高明、巧妙的专业语言转译能力，成为对形式规律驾轻就熟的设计表达高手。

二、媒介——多材料技术的应用

在专业教育与专业实践中，手绘表达是体现学生综合设计能力的一项重要技能，随着材料技术的不断发展，手绘材料的类型与应用场景，经历了以社会需求为背景的更新与迭代。

20世纪60年代开始，随着社会需求的提升，水彩设计绘画作为主要形式出现在行业的效果图表现中。水彩技法分为自由洒脱的淡彩和严谨庄重的渲染着色，因材料本身的流动性及活跃性较高，专业技法的掌握需要综合的绘画基础，因此对绘画者自身的艺术能力要求较高（图1-3-4）。

进入70年代中后期，水粉材料开始在手绘效果图中应用。与水彩相比，水粉更加厚重，易于修改与深入刻画，色彩饱和浑厚，借助喷枪等辅助工具也能完成大面积的色彩过渡，满足较大图面的绘制需求，同时其良好的场景还原效果使委托方很容易理解设计愿景（图1-3-5）。由于水粉材料干湿、薄厚对色彩呈现影响较大，初学者并不易掌握，对艺术能力要求较高。在市场需求导向下，水粉表现图逐渐形成了商业性与市场性较强，而缺乏艺术性的发展趋势。

80年代中后期，透明水色与马克笔以通透、明快以及使用便捷的特性，逐渐开始替代厚重与商业化的水粉材料。水色又称水溶色颜料，流动性与显色度比水彩更高，色彩附着力与透明度特性明显，使用与水彩类似，对材料技法的掌握以及绘制者艺术基础的高低往往决定着表现图完成的效果（图1-3-6）。同时兴起的马克笔材料更适合设计周期较短、设计变更较多的项目，马克笔在工作便捷与绘制快速方面的突出表现，更适应当时设计快速对接与携带便捷的普遍性需求，很快成为教育教学与行业应用的普遍性材料（图1-3-7）。

图1-3-4
规划设计水彩效果图
（李蓉晖）

图1-3-5
建筑设计水粉效果图

图1-3-6
建筑设计水色效果图

图1-3-7
景观设计马克效果图
（王娟）

　　彩色铅笔虽未成为设计表达的主流应用材料，但因其易得与稳定，始终是设计师方案组织过程中不可或缺的着色用具。彩铅技法类似素描，使用门槛较低，但因材料简单，反而非常考验表现者自身的艺术基础（图1-3-8）。

　　从90年代中期开始，电脑效果图制作出现在建筑与室内设计行业中，社会对表现图的需

图1-3-8
室内设计彩铅效果图(赵睿)

要开始从艺术提升转向技术呈现。在甲方市场驱动下,电脑制图的适应性使其成为行业主导的设计表达形式。

20世纪90年代末,伴随科技的发展与进步,数位板(屏)的技术逐渐成熟。常用的数位板(屏)是由一块电磁感应板(屏)和一支压感笔组成。其作为个人电脑的外接设备,相较于传统绘图工具中的笔、纸、颜料、色盘、尺规等工具,其具有便携、轻巧、坚固耐用等特点。

由于数位板是数字化的板(屏)与数位笔的结合,因此其可以让绘图者在PC端摆脱鼠标与键盘的束缚,找回拿着笔在纸上画画的感觉,并可以结合专用绘图软件模拟各种各样风格的画笔,表现出不同风格的作品。其高效率、高精度、易于修改、存储格式多样化、便于打印与传播的优势逐步被专业人士所认可。

数位板(屏)的设计表达主要在PC端和移动端两个方面,并且都有多个成熟的软件进行支持。大多数软件经过数代的研发与更新,均具备丰富的笔刷、图层、色彩、调节、滤镜、自定义等功能,给使用者良好的使用体验。其中PC端常用的手绘软件有Painter、Photoshop、AI、SAI等。

2010年苹果公司发布第一款平板电脑iPad,从此开启了移动端数字化专业绘图的时代。由于平板电脑体积小巧轻薄、携带方便,结合类似Apple Pencil等专业数位笔一起使用,可以最大限度地开发平板电脑的专业绘图功能。平板电脑无需外接电源,待机时间较长,因此便于随身携带,实现移动办公。其屏幕亮度高,在室内或室外均具有较好的观看体验。同时,平板电脑通常具有拍照及摄像功能,可以轻松记录收集的资料及场景。可较好地胜任设计师或绘图者外出采风、设计沟通与交流、草图绘制、效果图绘制等工作。因此,平板电脑逐步成为数位板的替代品,成为广大设计师、CG插画师、数码艺术家、专业院校师生日常工作和学习的首选。

伴随平板电脑在专业绘图领域的普及与应用,软件开发公司也针对从业者专业绘图要求、移动办公的特点、互联网分享作品的需求以及在传统PC端的使用习惯,开发了大量的专业手绘App。其中以Procreate、概念画板、SketchBook等应用较为广泛。

三、观念——文化观主导的形式

设计史表明了在不同阶段与不同地区的文化范式中,设计的形式面貌是不同的,从古典主义到当今的数码艺术,从欧洲到亚洲不同文化观念的主导下,设计具有不同的文化底色与形式风貌。

欧洲设计的形式表现发端于绘画艺术,不同时代的人文主义精神不但决定着绘画的艺术主张,同时也主导着设计的形式范式,如古典主义的均衡与统一、巴洛克时期的崇高与神秘、洛可可时期的装饰与绮丽、现代主义的抽象与构成等。欧洲设计重视在产生形式前先梳理观念,认为人文社会影响下的设计理念是作品形式与审美的主导(图1-3-9、图1-3-10)。

美国设计早期多源于欧洲,崛起于商业,由需求决定形式,往往在设计后才加以总结,一度出现被市场左右的趋势(图1-3-11、图1-3-12)。1933年包豪斯关闭后,包括瓦尔特·格罗皮乌斯(Walter Gropius)、汉斯·迈耶(Hannes Meyer)、密斯·凡·德·罗(Ludwig Mies Van der Rohe)在内的百余人移居美国,为理论基础薄弱的设计界带来了设计观念、思想意识与教学体系,为美国设计的国际主义风格飞跃打下了重要基础。

中国山水绘画始于魏晋时期的士族阶层,是一种无关视觉,而关乎文人寄情自然山水文化的形式表达。从山水画开始,经过中国文人千年的集体参与,发展出有观赏石、掇山、理水、营园等一系列从自然文化观而来的宜居艺术与哲学意向(图1-3-13)。中国文化中浓厚而独特的山水自然观念也是决定东方环境美学独步于世界设计群像的底层文化逻辑基因(图1-3-14、图1-3-15)。

图1-3-9
私人城堡设计
(埃佩尔奈/法国)

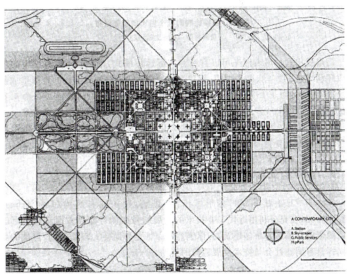

图1-3-10
光辉城市平面图
(勒·柯布西耶/法国)

图1-3-11
三一教堂的未来
（阿尔伯特·L·艾弗/美国）

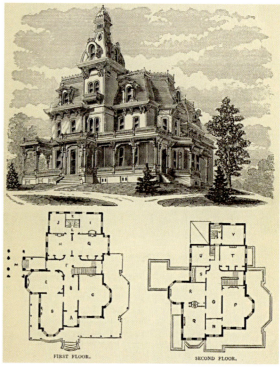

图1-3-12
别墅和小屋
（卡尔弗特·沃克斯/美国）

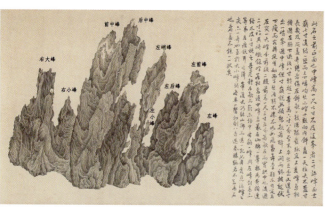

图1-3-13

十面灵璧图卷（山峰分析与局部/吴彬/晚明）

图1-3-14　　　　　　　　　　　　　　　　　　　　　　　　　　　　　　　　　　文苑图（周文矩/五代）

图1-3-15　　　　　　　　　　　　　　　　　　　　　　　　　　　　　　　　东园图卷（局部/文徵明/明代）

第四节
手绘表达的原则

The Principle of
Hand-Drawn Expression

  设计者的设计表达行为是将个人的专业思考及经验通过手绘形式对外进行传达。根据传达的受众不同,首先是个人对自身模糊的设计思维进行形式组织与功能提升,其过程存在一定的不确定性因素,但总结与提升原则不可或缺。其次是作品深化阶段的设计表达,以计划与落实为目的的设计活动,需要更多生产经验进行辅助,出于多工种的配合需求,该阶段的说明性表达则尤为重要。设计的组织与传达本质是完成使用价值,除满足技术原则之外,设计作品在服务于人群的同时,需要保持自身的生态价值,以及与自然的和谐共生、共存价值。

一、组织思维的提升性原则

  设计活动的核心是创新,通过专业经验赋予产品新内容与生命力,其完成过程则依靠设计者的思考与对思考的形式实践。任何思维的再现都有其对应的形式要求,作家的思维外化出不同的文学作品,画家的思考外化出不同类型的绘画作品,设计师从思考到外化的过程中,设计表达则是一类不可替代的手段,其过程有着较强的专业性,形式的转化也需要更多专业经验去辅助加强与组织提升。

  设计思维与其他思考同样具备瞬时性与模糊性,其虽然与设计者自身的审美偏好及专业经验有着高度的关联性,但创意初期在绘画表达过程中的组织与提升,尤其决定着设计作品的发展走向。思维的形成过程中,得心应手的专业表现作为发展的基础通道必不可少,熟练而有靶向性地通过线条、色彩再现设计形式,以原创性与应用体验为目的的组织提升,以公众性与互动目的为核心的表现整理,以科技感与疏离性为方向的形体与材质组织等都离不开表达过程中的再次提升设计。设计表达的第一原则即思维的组织与提升,在细化粗线条思维的同时,运用专业能力与经验将设计思考转化为形式、材质、功能、美学、技术兼顾的创新性设计作品(图1-4-1)。

二、传达设计的说明性原则

  艺术的功能是引发思想与文化的深度碰撞,往往要求开放性,一幅油画、一段舞蹈、一场电影、一本小说的阅读会带来千人千面的思考与共鸣。设计作品则需要在艺术审美上兼顾使用与执行功能,只有良好的使用性而缺失艺术价值抑或相反都会失去持久的生命力。预设与计划是设计的工作特性,预设作品未来的功能、效果、价值,计划作品实施的流程、步骤、经费等,都是设计从思维产生到制作完成不可或缺的内容。设计不能停留在创意层面,与其他工种配合完成建造才能产生应有的价值,设计师需要掌握专业通用的图示语言,更准确地传达与说明设计在各阶段的各项特性。

  手绘表现有着快速传达设计思维的特性,不同阶段面对不同人群说明意图与内容的方法也不同(图1-4-2)。面对设计委托方,手绘表达可突破语言盲区,高效推进方案的细节与落实;

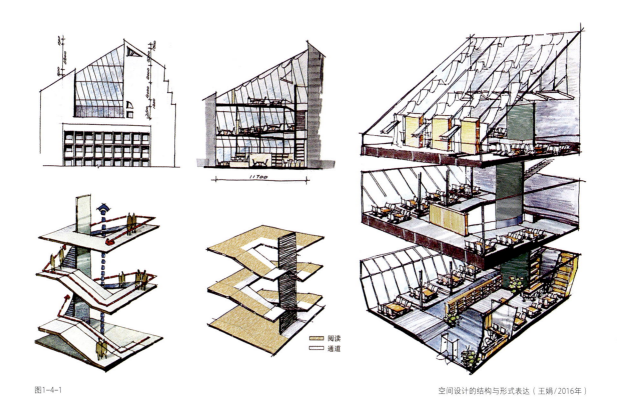

图1-4-1　　　　　　　　　　　　　　　　　　　　　　　　　　　　　空间设计的结构与形式表达（王娟/2016年）

与设计团队配合中，可直观深化设计中的尺度、技术、工艺等；在多工种配合中，面对现场变更与现场设计时，手绘表达能够快速对形式、结构、工艺等进行图示说明，有效推进工作效率（图1-4-3）。因此，准确、快速地传递设计信息，使不同合作者最大化获取信息是设计师在设计执行时需掌握的专业核心技能。

三、源于自然的抽象性原则

手绘表达是专业性明确的设计绘画，其兼具应用说明与艺术审美功能。作为当代社会的应用设计，环境设计项目给人居环境带来的空间与时间影响效应较大，不仅需要注重审美创新与文化价值，同时也需要符合地缘气候、自然生态的原则。环境空间形式与文化的发展，始终离不开亲近自然的基本属性，"人居环境"与"自然环境"是两个相互联系又有区别的概念，然而长期以来人们追求两者的完全等同，并以"自然生态"的标准衡量一切人居环境的品质，以"类自然"作为生态人居与城市优化的目标。因此，以表现人居环境设计方案为主的手绘表达，始终应以自然环境美学为形式源泉，以不同快速表现技法的形式特征为抽象手段，整合抽象出自然物态的韵律、色彩、均衡、统一、风格等形式，以和谐统一的形式表达人居环境中大自然的多样性美学（图1-4-4）。

Chapter One

环境设计手绘表达

象牙白防滑地砖400×400

日本枯山水

象牙白防滑地砖

黑灰色水泥流平
嵌白色条形微晶石700×1200

象牙白防滑地砖

地灯

象牙白防滑地砖

600×600象牙白防滑地砖

黑灰色水泥流平

象牙白防滑地砖

金属垂帘

100×100白色防滑地砖

蓝色马赛克

黑灰色水泥流平

灰色复古木地板

爵士白机创面铺贴

黑灰色水泥流平

黑灰色水泥流平

象牙白防滑地砖

600×600白色防滑地砖

蓝色马赛克

地毯

100×100白色防滑地砖

象牙白防滑地砖

黑灰色水泥流平
嵌白色条形微晶石

金属垂帘

图1-4-2　　别墅设计一、二层平面图（王娟/2015年）

024

Hand-Drawn Expression in Environmental Design • Concepts and Fundamentals

图1-4-3 　　　　　　　　　　　　　　　　　　　　　　　　　　　　办公室设计方案图（王娟/2016年）

图1-4-4　　　　　　　　　　　　　　　　　　　　　　　　　　景观设计表现（赤坂孝史/日本）

Types and Training

第 二 章
类型与训练

　　环境设计表达的内容涉及室内与室外各个场景，并且每个分类都有表达的侧重点。本章按专业类型主要从室内、景观、建筑三大类的环境设计表达进行技巧的深入剖析，以便不同专业背景学生进行手绘训练学习。第一节为室内设计手绘表达，从最基本的空间透视与比例尺度的学习，进阶到不同单体家具形体的刻画，到最后不同空间氛围、材质、品质等细节的技法表达；第二节为景观设计手绘表达，从基础植物配景训练，到不同小场景的自由组合表达，最终到大场景公共空间景观的手绘图面掌控的训练；第三节为建筑设计手绘表达，从建筑的写实表现、快速表达、当代数字表现三方面，从粗到细，全方位地进行技法讲解，让学生结合自身的优势，训练相应的手绘表现技法。

　　通过第二章不同类型手绘技法的学习与训练，学生能系统性地了解手绘表达的规律以及原理，为各个专业的学生夯实专业基础，以此提升专业认知。

第一节
室内设计手绘表达

Hand Drawn Expression in Interior Design

　　室内设计手绘表达是环境艺术专业门类中一门重要的基础课程，它是绘画艺术与空间表现的高度结合，具有独特的审美价值和设计表现力。室内设计手绘表达是室内设计专业人士沟通设计思想、表达设计意图最有说服力的工具，表现范围可以涵盖任何室内空间，其表达形式可以贯穿方案的全过程，目的就是为了反映建筑内部空间的实际效果。作为一个实用的表现工具，在完成最终设计之前，设计师用它来推敲室内方案形体的加减与重组，以及材料和空间布局，它让设计师在想象的空间中尽情发挥。

一、课程概况

西安美术学院室内设计手绘表达课程主要讲授在室内设计中以手绘为主要表现方式的相关理论与实践操作技法，主要包括透视图基本画法、室内家具单体与组合手绘技法、家居空间与公共空间手绘表现技法。通过由浅入深、循序渐进的训练过程，使学生熟悉并掌握室内表现图从透视构图、绘制线稿、铺色调整的完整绘制方法，熟练运用手绘表现图技法完成对设计方案的快速表现，通过大量实训练习提高学生空间设计表达能力和艺术鉴赏能力，使其能够灵活自如地与甲方进行方案沟通。

1. 课程内容：包括室内设计手绘表现中透视与构图的训练、室内家具单体训练、室内家具组合训练、空间装饰品训练、手绘步骤讲解、手绘表达常见问题解析。

2. 训练目的：该课程以帮助学生熟练地运用透视方法绘图为目的，使学生掌握快速手绘表现技法，并能运用这种技法灵活地表达各类室内空间与细部，使空间表现具备较强的艺术感染力，顺利完成与专业人士或甲方之间的方案沟通。

3. 重点难点：该课程的重点与难点在于对透视方法的理解及运用、线稿构图的构建及梳理、上色工具的理解及掌握、家具形体与整幅图面的技法运用。

4. 作业要求：室内空间一点透视与两点透视的理解

室内空间线条与透视体块的练习

室内空间家具单体的全色练习

室内空间家具组合的全色练习

室内空间装饰品的上色练习

室内空间整体环境的上色练习

5. 课程时间：24 课时

6. 参考资料：赏析手绘名家的经典案例，学习不同表现技巧（详见第三章）

二、训练案例

在设计案例操作中，环境设计手绘表达在整个方案设计过程中有着不可或缺的作用，其自身直观性、便捷性和生动性是其他表现手法不可比拟的，成为设计师、甲方和施工方之间高效沟通的重要手段。因此，对于环境设计的学生而言，系统地掌握手绘表现技法，无论是对自身专业能力的培养，还是对未来职业的发展，都会受益匪浅。本部分主要针对环境设计行业优秀表现案例和高校教学中优秀作业案例进行展示，以此说明环境设计手绘表现图对各自领域所带来的帮助。

（一）行业优秀案例

环境设计手绘表现图从 19 世纪 30 年代引入我国后，经过专业院校的系统应用与不断探索，发挥与运用在社会多方环境设计领域。随着社会审美意识的不断演变与提升，表现风格与手法也随之变化。虽说到了 20 世纪 90 年代，计算机辅助制图的出现逐步替代了多种形式的图面表现，但是由于手绘表现图自身鲜明的特点与优势一直应用在环境设计和其他众多设计领域，直至今天，国内外众多设计机构依然保持着手绘表现图的专业习惯。

图 2-1-1 构图饱满、透视准确、颜色丰富，利用流畅自如的线条和深入的色彩刻画，表达出商业空间的设计氛围。

图2-1-1　　　　　　　　　　　　　　　　　　　　　　　　　　　　　　　　　　　　商业空间表现图（种夏、沙沛/2003年）

　　图 2-1-2 在构图和透视的应用上表现较为即兴，线稿设计富有逻辑感，用色精炼、笔触自由，整体简约明快，很好地表达了办公空间的工作氛围。

　　图 2-1-3 用两点透视角度完美地展现了现代家居空间的设计氛围，透视准确生动、色彩层次丰富，尤其家居配饰的刻画生动而富有变化，起到画龙点睛的作用。

　　图 2-1-4 透视准确、颜色明快，利用丰富的配饰和细腻的质感刻画出家居空间的生活氛围，图中的文字标注增加了方案图面的说明性。

　　图 2-1-5 构图饱满、线条明确、用色沉稳、主体刻画深入，用丰富的光影层次强化了图面的视觉中心，清晰地表达了家居空间的设计理念。

（二）优秀作业案例

　　在国内众多优秀的环境设计专业院校中，有大量的高校教师在从事着手绘表现图技法的教学工作，他们孜孜不倦地耕耘，为专业兢兢业业地付出，每年都会培养大量的专业设计人才。由于在院校中手绘表现图依然是支撑多数设计课程的基础，所以都保存着传统手绘制图的课程体系，在教学课程的培养下产生大量优秀的手绘作品，图 2-1-6～图 2-1-9 展示了部分学生优秀作业案例。

图2-1-2　　　　　　　　　　　　　　　　　　　　　　　办公空间表现图（沙沛/2003年）

图2-1-3　　　　　　　　　　　　　　　　　　　　　商业空间表现图（种夏、沙沛/2003年）

图2-1-4　　　　　　　　　　　　　　　　　　　　　　　　　　家居空间表现图（陈杰/2003年）

图2-1-5　　　　　　　　　　　　　　　　　　　　　　　　　　家居空间表现图（陈红卫/2002年）

图2-1-6　　　　　　　　　　　　　　　　　　　　　　　　　　　商业空间表现图（杨烁/2021年）

图2-1-7　　　　　　　　　　　　　　　　　　　　　　　　　　　商业空间表现图（林诗雅/2021年）

图2-1-8　　　　　　　　　　　　　　　　　　　　　　　　　　　　　　　商业空间表现图（刘雨萱/2020年）

图2-1-9　　　　　　　　　　　　　　　　　　　　　　　　　　　　　　　展示空间表现图（张济广/2020年）

三、知识点

室内设计表现图的构成在于基础知识点的理解、家具单体与组合的训练、软装配饰的点缀等方面的掌握，通过循序渐进地练习，最后过渡到整幅图面的表现。透视、构图、线条、素描和色彩关系，是构建图面的重要因素，是决定图面效果的关键，因此需要重点学习与加强认识。为了方便学生掌握室内表现图的绘图技法，笔者整理了家具单体、家具组合和空间表现的绘图步骤演示，并且配以文字讲解，方便进行对照练习和提高，最后列举出在练习当中常常出现的各类专业问题，逐个进行剖析，找出问题所在，进行有针对性的讲解，帮助同学快速有效地避免这些问题的产生，为练好一手漂亮的手绘表现图提供专业保障。

（一）分解与训练

该部分通过透视、构图、线条、素描和色彩关系等表现因素来讲解图面的基础构建，通过这些知识点的学习，能够掌握绘图中的重点宏观技巧，也是保证图面效果的根本。通过室内家具、软装配饰与植物的单体训练，由浅到深地学习从几何形体向单体进行推导，从而过渡到组合形体的训练过程，掌握单体表现中形体、透视、色彩与明暗变化的基本规律，为形体组合与全景表现打下坚实的基础，因此需要认真领悟与反复练习，才能取得较好的效果。

1. 基础与拓展

（1）透视

透视是室内设计表现图的绘图基础，应该对透视成像原理有基本的认知，由于手绘表现快速便捷的特性，基本透视线稿与上色技巧是我们要掌握的重点，因此，不必为了追求绝对精准的透视制图而消耗大量时间。对一点透视与两点透视的绘图技法本书不再演示，仅介绍透视成像的基本方法与形体间穿插与组合的基本训练。

一点透视又称为平行透视，是指物体的两组线，一组平行、垂直于图面，另一组在图面中纵深聚集于一个消失点。一点透视的表现范围广、纵深感强，所以在效果图表现中应用得较多，但要注意构图与线条的有序组织，尽量避免图面呆板（图2-1-10、图2-1-11）。

两点透视又称成角透视，是指物体有一组线垂直于图面，其他两组线与图面形成角度，并且各有一个消失点。两点透视图面效果比较自由、活泼，能够比较真实地反映空间效果（图2-1-12、图2-1-13）。

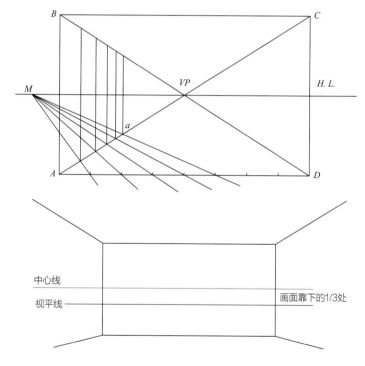

图2-1-10　　　　　　　　　　一点透视画法图示

图2-1-11　　　　　　　　　　　　　　　　　　　　　　　　　　　一点透视表现图（选自学生作业）

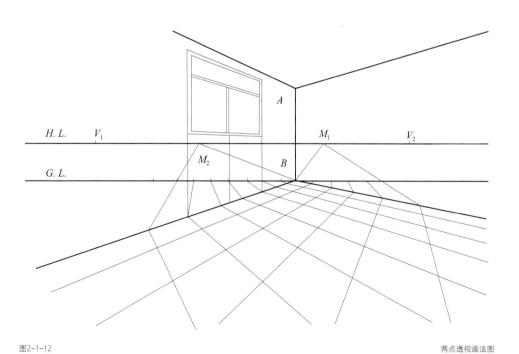

图2-1-12　　　　　　　　　　　　　　　　　　　　　　　　　　　两点透视画法图

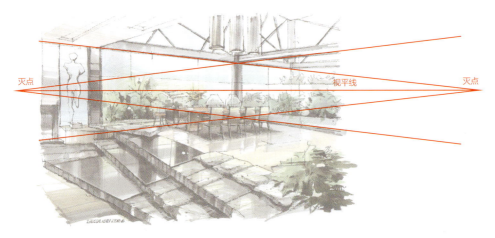

图2-1-13　　　　　　　　　　　　　　　　　　　　　　　　　　　两点透视表现图（郭贝贝/2014年）

（2）构图

确定构图形式是室内表现图的前提，优秀的设计表现图一定拥有良好的构图形式。根据设计的空间要求，选择最佳的透视角度和透视类型，确定完美的构图形式并突出视觉表现中心，明确构图之后，按照空间特定的要求在表现时应考虑该空间的色调，并注意线条与质感的表现，完整的线稿也是一幅优秀的空间速写，可为后期铺色形成良好的铺垫（图2-1-14）。

根据构图的类型可以分为横向构图与竖向构图。构图中还应注意图面主次关系、层次关系、空间关系及稳定感、均衡感的塑造（图2-1-15～图2-1-17）。

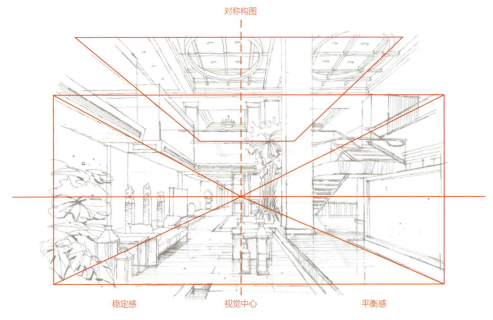

图2-1-14　　　　　　　　　　　　　　　　　　　　　　　　　　商业空间透视线稿图（郭贝贝/2014年）

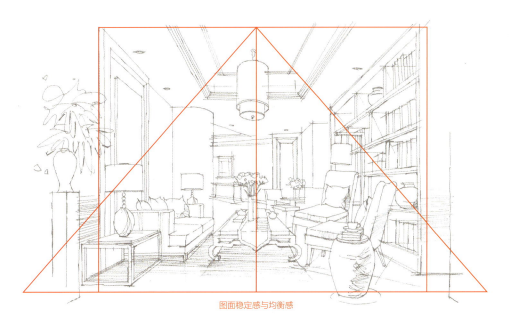

图2-1-15　　　　　　　　　　　　　　　　　　　　　　　　　　　商业空间透视线稿图（郭贝贝/2014年）

图2-1-16　　　　　　　　　　　　　　　　　　　　　　　　　　　办公空间表现图（种夏、沙沛/2002年）

图2-1-17　　　　　　　　　　　　　　　　　　　　　　　　　　　　电梯间表现图（郭贝贝/2014年）

（3）线条

线条是我们组建图面内容的基础，它如同建房时所用的梁和柱一样，是一切建造必不可少的元素。如果线条组织不佳，会对后期的铺色带来较大的障碍，优秀的图面一定拥有一幅漂亮的线稿。对于初学者而言，由于线条表现还不熟练，所以容易导致图面呆板、缺乏生气。

线条的种类繁多，不同的速度、力度、运笔及排列可以形成丰富的图面效果，具体可表现为直线、竖线、斜线、曲线、自由线等，在线条组织中还要注意疏密关系、软硬关系和松紧关系的塑造（图2-1-18）。

（4）素描

在设计表现图中，素描关系关乎着图面明暗效果，从线稿构图一直到最终效果确定，每个阶段都要时刻把控图面的素描关系，每一笔的用色既要能准确地表达出材料质感和光感，更要营造准确的光影色调。注意图面中形体的主次、明暗、虚实、空间等关系的塑造，设计表现图绘制过程中每一个阶段都是一幅整体的素描关系图（图2-1-19）。

（5）色彩

色彩关系是设计表现图的重要表现形式，颜色的交融共同构建了一张和谐的画面。色彩的塑造在图面表现中是极其关键的过程，根据表现材料的不同属性，将色彩循序渐进地施加在线

图2-1-18　　　　　　　　　　　　　　　　　　　　　　　　　　　　卧室空间透视线稿图

图2-1-19　　　　　　　　　　　　　　　　　　　　　　　　　　　　餐厅空间透视线稿图

稿之上，每一步都要求清晰明确，落笔之前要针对图面中的材料、光感、色调、气氛等要素有准确的定位，下笔稳准，才能保证优秀的图面效果（图2-1-20）。

室内设计表现图的色彩类型可概括为清雅调、重彩调、写实调。色彩格调的选择应该根据空间表现的要求来定，这样更有利于不同设计思想的表达。

图2-1-20　　　　　　　　　　　　　　　　　　　　　　　　　会议室空间手绘图（郭贝贝/2014年）

2. 单一与组构

（1）室内设计家具单体训练

家具单体是室内设计表现图的基本元素，解决了单体的绘画技法就为表现图做好了基础铺垫。单体绘制练习是一个由浅入深的过程，也是锻炼透视能力最简单的方法，由于家具款式与种类繁多，所以很多初学者会无法下手，从什么家具开始练习？先从哪个部位开始动笔？从局部到整体如何推导？一系列问题应运而生，为解决这些问题，我们根据多年的教学经验，总结出了一套行之有效的办法，就是"透视几何体推导法"，即将家具概括为一个立方体或者是方盒子，从透视几何体块开始推导单体家具的造型变化（图2-1-21）。

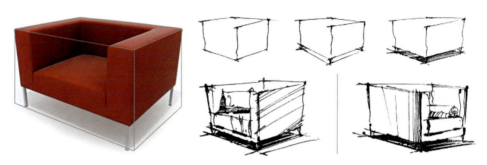

图2-1-21　　　　　　　　　　　　　　　　　　　　　　家具单体绘制步骤图（《麦克手绘》/2014年）

家具单体绘画步骤：

首先，将家具单体概括为几何体准确地画好，选择合适的构图与透视角度，由整体开始勾形，再逐步刻画细节。

其次，用简洁肯定的线条绘制家具的各个部位，要注意透视和比例，不同质感的材料要有针对性刻画，在确定轮廓线稿以后开始各部位的塑造，注意不同的材质应使用不同的线条对待，明确出单体家具的形态。

再次，着色前根据材质选好颜色，注意着色工具的特性不同，用笔应该有所区别，上色时用笔应该顺着每个透视面的方向整齐排笔，根据光影的变化规律画出渐变，亮面适当留白，投影色相根据家具的色调来定，注意投影的深浅变化，根据家具色调铺完颜色后，应该进行细节描绘，主要是针对不同材质与光影的深入刻画。

最后，应该整体调整，解决有关色调、质感、光影、投影及环境色的问题，可以使用彩铅增加材质肌理的质感变化，使家具形象更加生动（图2-1-22）。

图2-1-22　　　　　　　　　　　　　　　　　　　　　　沙发单体绘制步骤图（郭贝贝/2021年）

（2）家具训练

在室内空间中，无论家居设计还是公共空间设计，都离不开家具的塑造，家具风格与款式众多，为我们的生活提供了高品质的身心体验，在室内设计表现图中，家具的表现往往是空间表现的主体，家具的款式与造型也反映出了室内设计的空间格调。下面我们根据家具的功能与形态进行分类，对其画法进行讲解。

座椅，座椅是室内空间最普遍的单体类型，座椅由坐垫、靠背、腿部支撑三部分组成，分为沙发类和单椅类。沙发分为单人沙发、双人沙发、三人沙发和拐角沙发。座椅由于形体大多数都比较规整，所以要准确地勾出形体的透视线条，上色时注意区分不同材质的表现（图2-1-23）。

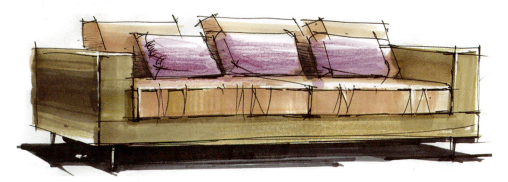

图2-1-23　　　　　　　　　　　　　　　　　　　　　　　　沙发单体表现图（郭贝贝/2021年）

桌台，这里指室内空间所有与桌面和台面相关的家具，如餐桌、茶几、电视柜等，桌子多数是由桌面和桌腿组成，画桌子时注意要把重点放在桌面质感与软装的表现上，桌腿因为在背阴处，往往色调比较暗，不做强化处理，最后要明确地面投影的形态，注意光晕的变化，不可画得过于凌乱，否则会影响整体效果的呈现（图2-1-24）。

图2-1-24　　　　　　　　　　　　　　　　　　　　　　　　茶几单体表现图（郭贝贝/2021年）

床类，床的组合练习最重要的是注意床的形体比例和与床头柜的关系，同样可以归纳成几何形体的组合形式。绘画时先确定形体的比例，然后勾出形体组合，用线尽量准确肯定，注意画出床单裙摆折边的自然效果与枕头松软舒适的质感（图2-1-25）。

图2-1-25　　　　　　　　　　　　　　　　　　　　　　　　　　　　　床体组合表现图（郭贝贝/2021年）

（3）灯饰训练

灯具是我们家居生活中必不可少的装饰类型，其风格与造型多样。它是室内设计表现图中经常要表现的单体，所以也是练习的重点。灯具看似寥寥几笔，然而越简单的造型往往越见功夫，所以绘制时要注意线条的流畅度与准确度，表现时尽量简洁和概括。

台灯造型主要由灯柱和灯罩两部分组成，这两部分同样可以概括为几何形体，画灯柱要突出体感，由于受到灯罩的光线影响，灯柱从上到下应有光晕深浅变化，画灯罩时注意色彩要透亮，可以选取高亮度的纯色绘画，最后要注意灯光氛围对周围环境的影响（图2-1-26）。

图2-1-26　　　　　　　　　　　　　　　　　　　　　　　　　　台灯装饰单体表现图（《麦克手绘》/2014年）

吊灯造型风格多样、种类繁多，吊灯往往由灯罩和框架支撑两部分组成，框架主要有木质、金属、玻璃等材质，灯罩是发光体，光晕会影响到框架和顶篷，绘图时应该注意灯体造型的透视关系和环境色的关系塑造（图2-1-27）。

图2-1-27　　　　　　　　　　　　　　　　　　　　　　　　　　室内装饰吊灯表现图

台灯造型相对多，主要由灯罩和支架组成，这两部分同样可以概括为几何形体，壁灯在绘画时主要突出灯罩的形体，尽量简化支架的处理，由于受到光线影响，灯罩上下方会有光晕深浅变化，画灯罩时注意色彩要透亮（图 2-1-28）。

图2-1-28　　　　　　　　　　　　　　　　　　　　　　　　　　台灯装饰单体表现图

（4）植物训练

植物是室内设计表现图中必不可少的元素，能够给空间带来自然清新的视觉感受，起到升华空间的效果，在效果图的表达过程中我们经常用植物来平衡构图，比如收边或者压脚，所以平常要注意观察，多收集一些不同种类和尺度的植物画法，表达时就能灵活使用。

乔木类往往由树干和树冠组成，根据树种的类型呈现不同的造型，勾线时应该尽量画准确，画树的关键是树冠"球体"的造型要塑造好，而且完整球体中应该分出两三个小体块，共同组成一个整体，根据主光源照射的方向，球体上应有暗部、亮部、明暗交界线、高光和反光等光影区别，整体必须有自然形态的变化，或者透出部分树干分叉，否则会显得呆板（图 2-1-29）。

灌木树种也比较丰富，其形态主要由灌木球

图2-1-29　　　　　　　　　乔木类植物单体表现图

体构成,所以自然生长的灌木球关键在于形体的塑造,造型用线要生动,反映树叶组合的规律,上色时也要注意明暗调子的区分,着重表现植物体感。

各类花卉在室内表现图中应用最为广泛,尤其在家居的表现图中花卉的作用不仅在于美化图面,更重要的在于平衡图面的构图,也可以根据图面的需求来设计花卉的色彩,让图面效果充满生机。花卉往往由花茎、绿叶或花朵组成,种类与色彩丰富,画花卉时注意花形要准确和生动,叶片和花朵的前后空间关系要明确,虚实对比要清晰(图2-1-30)。

图2-1-30　　　　　　　　　　　　　　　花卉类植物单体表现图

3. 艺术与点缀

室内配饰是丰富空间的必要因素,有时会起到"画龙点睛"的作用,在设计表现图中,如果有了各种配饰的点缀,空间氛围会更加充足,主题会更加明确,图面效果会更有表现力。室内配饰类型与风格多样,本部分根据常用的类型进行归纳,方便今后使用。

(1)花瓶与书籍

花瓶和花盆往往与花卉相搭配,组成一件装饰品,但是瓷瓶往往会作为单独的配饰来美化空间,花瓶在绘画时要注意圆柱形体感的塑造,加强明暗交界线、高光和反光的刻画,会使花瓶更加晶莹剔透(图2-1-31、图2-1-32)。

书籍杂志往往会三到五本成套组合,在室内表现图中多出现在书桌、茶几、书架之上,对图面中心部位有很好的装饰作用,且封面颜色丰富,能够调节图面效果,活跃环境气氛。

图2-1-31　　　　　　　　　　　　　　　室内装饰单体表现图之一

图2-1-32　　　　　　　　　　　　　　　　　　　　室内装饰单体表现图之二（郭贝贝/2014年）

（2）人物

人物较多出现于公共空间设计表现图中，在较大尺度的空间中，往往会加入各种动态的人物用来活跃空间的气氛，也可以用人物来衬托空间的尺度感，画人物关键在于头、躯干和四肢的比例关系和动态要准确自然、线条和色调要轻松明快。

（二）综合与提升

从家具单体的基础练习过渡到家具组合的表现练习，难度自然又增加了不少，尤其是在形体穿插、整体透视、色彩搭配、光影组合、空间关系等问题上需要反复练习与研磨，才能使图面保持整体美观而又不失细节。在对家具组合有了深入理解之后才能进行整幅图面的练习，整幅图面其实就是家具组合的升级版，将组合形体置于空间中，最重要的是注意整体比例关系、环境色、空间透视关系的综合处理，元素复杂的情况下要进行归纳与梳理，保持清晰的逻辑思维和有章法地进行练习。

1. 空间表达

在全面掌握常用家具的画法练习之后，对于组合家具的表现技法有了深入认识，针对室内空间的整体表达而言，主要是在家具组合的基础上多了四周空间界面的处理，也可以理解为将家具组合移植在室内空间中，这样就增加了环境因素的影响，要求对室内空间的风格与造型有预先设计，上色前做到心中有数，在具体绘图过程中，解决好家具组合与周边环境的关系，注意造型与色彩的统一性。

（1）家具组合训练

在训练了家具单体后，开始进入家具组合的训练，家具组合实际上是家具单体的集合，掌握了单体的画法，家具组合也会相对容易一些，家具组合的练习是为后期室内空间表现图做铺垫。由于是组合的形体，所以关系相对复杂一些，需有前后虚实空间的处理以及与环境色之间相互影响的处理。

（2）家具组合的绘画步骤

首先，起稿时线条尽量放松，确定家具组合大概的形体、比例和透视角度，线条准确且生动（图2-1-33）。

图2-1-33　　沙发组合手绘表现步骤一

其次，开始对主体家具进行上色，快速铺色过程中注意明暗部位的色彩变化、投影之间的变化与统一（图2-1-34）。

图2-1-34　　沙发组合手绘表现步骤二

再次，注意家具台面上的细节刻画，如台面质感和配饰的刻画，强调各个单体家具的亮面材质效果，区分各家具投影的光影变化（图2-1-35）。

图2-1-35　　　　　　　　　　　　　　　　　　　　　　　　　沙发组合手绘表现步骤三

最后，刻画完各家具的色彩以及投影之间的关系，整体审视图面，可以用彩铅完善家具亮面上的肌理与环境色，调整组合之间的明暗关系、空间关系与色彩对比度（图2-1-36）。

图2-1-36　　　　　　　　　　　　　　　　　　　　　　　　沙发组合手绘表现图（郭贝贝/2021年）

（3）空间透视体块组合

空间透视体块的练习作为家具组合练习的基础，是向家具组合练习的过渡阶段，通过各种体块的穿插与组合，使其形成不同的组合关系，在透视视角的作用下表现出各种各样的空间形态，最后用线条组织构图、形体、透视与光影的相互联系，对形体的控制力练习是一种行之有效的方式（图2-1-37~图2-1-39）。

（4）居住空间家具组合

居住空间是室内设计重要的空间类型之一，其家具组合的练习对于居住空间整体环境的表现有着重要的支撑作用，家具组合往往作为居住空间表现的视觉中心点，其效果能直接影响整幅图面的艺术表现力，对图面效果起着至关重要的作用（图2-1-40、图2-1-41）。

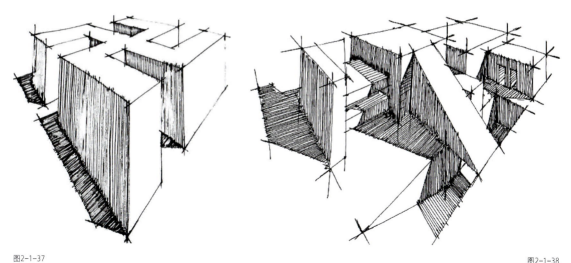

图2-1-37　　　　　　　　　　　　　　　　　　　　　　　　　　图2-1-38
透视体块组合一　　　　　　　　　　　　　　　　　　　　　　　透视体块组合二

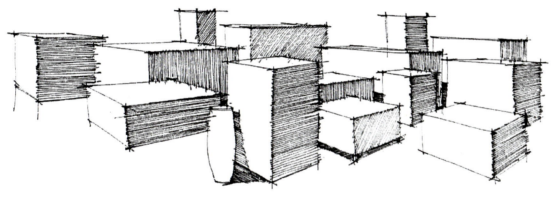

图2-1-39　　　　　　　　　　　　　　　　　　　　　　　　　　透视体块组合三

图2-1-40　　　　　　　　　　　　　　　　　　　　　　　　　　餐桌表现图（郭贝贝/2014年）

图2-1-41　　　　　　　　　　　　　　　　　　　　　　　　沙发组合表现图（郭贝贝/2014年）

（5）公共空间家具组合

公共空间是室内设计另一种空间类型，公共空间形态与类型多样，空间的属性决定了家具的造型与组合，也呈现出更多元化的表现方式，因此在练习中，尽量对各类空间的家具组合深入练习，突出形体、色彩与质感的表现，才能更有效地增强整幅图面的艺术表现力（图2-1-42、图 2-1-43）。

（6）居住空间透视图

居住空间是室内空间设计的重要类型，居住空间表现图主要表现设计风格、空间形态、家具组合、软装配饰以及丰富的光影效果。绘图时图面的表现中心要明确，刻画时应着重对待，注意空间感的塑造，近处的色彩可加大对比度，用笔应尽量自如随意一些，避免刻板与单调（图 2-1-44、图 2-1-45）。

图2-1-42　　　　　　　　　　　　　　　　　　　　　　　　　　　　　　沙发组合表现图（郭贝贝/2014年）

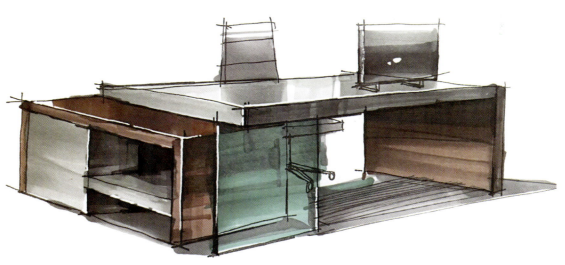

图2-1-43　　　　　　　　　　　　　　　　　　　　　　　　　　　　　　　　家具组合表现图（郭贝贝）

图2-1-44　　　　　　　　　　　　　　　　　客厅空间表现图（郭贝贝/2014年）

图2-1-45　　　　　　　　　　　　　　　　　卧室空间表现图（郭贝贝/2014年）

（7）公共空间透视图

公共空间是室内空间设计的常见类型，具有空间风格多样、空间形态多变、家具款式繁多、装饰元素多元等特征。绘图时表现主体要明确，透视构图要巧妙，表现元素要细腻，着重图面空间感的塑造。（图2-1-46～图2-1-48）。

图2-1-46　　　　　　　　　　　　　　　　　　　　　　　　　　　　　　　会议室空间表现图（郭贝贝/2014年）

图2-1-47　　　　　　　　　　　　　　　　　　　　　　　　　　　　　　　商业空间表现图（郭贝贝/2021年）

图2-1-48　　　　　　　　　　　　　　　　　　　　大堂空间表现图（郭贝贝/2014年）

2．图面构建
（1）步骤一：线条构图
　　根据方案空间的表现要求，选择最佳的透视角度和透视类型，建议低于正常人视角来确定视高，这样会显得空间更为开阔，图面展示效果更为理想。确定完美的构图形式，无论是一点透视角度还是两点透视角度，都要注意形式感的表现，好的构图在后期的表现上更为轻松，也更出效果，突出图面的表现中心，分出近景、中景与远景，以保证丰富的空间层次和最佳的效果。
　　线条的表现力非常丰富，一个室内空间由多种不同的家具组成，同样也是由多种不同的材质组成，所以在表现不同材质的时候要注意用线的变化，丰富的线条变化对整体图面起着重要的作用，根据表现的构图注意形体与线条的疏密及松紧变化，形成丰富的空间形态（图2-1-49）。
（2）步骤二：环境铺色
　　考虑空间的光源类型、位置及投射方向，才能准确地设定投影位置，要注意室内光源是天光还是灯光，光源在侧上方还是正上方，形体距离光源的位置及远近距离，分析投影的变化方式，同时要适度强化图面主体家具的投影与形体明暗色调，放弱远景投影。
　　投影色调由于受到家具颜色和环境影响会呈现冷色或暖色，所以铺色前要对家具的材质与色调整体进行设计，做到心中有数，方能下笔准确。
　　家具形体的投影主要投射在地面，所以不能孤立存在，应充分考虑投影间的穿插和渗透关系，做到整体中富有变化，铺设投影和色调要注意笔触的组合与变化，以及深浅退晕的节奏美感（图2-1-50）。

图2-1-49　　　　　　　　　　　　　　　　　　　　　　　　　　　　　　　步骤一：线条构图

图2-1-50　　　　　　　　　　　　　　　　　　　　　　　　　　　　　　　步骤二：环境铺色

（3）步骤三：家具塑造

选准家具及空间界面的颜色，为了使空间颜色统一而丰富，颜色尽量冷暖搭配，但注意空间主色调的统一，否则色彩会显得花。上色过程中应根据透视线的走向用笔，色彩凝固后，笔触也呈现透视规律的变化，自然很好地融合在形体中，整块材质铺色中注意快速地重叠排列，由于光照的作用，可形成深浅节奏变化，适度留白强化光感。

单体家具的铺色中最好准备深浅不一的两支色笔配合使用，如果光影较强，可以用灰色进行叠加处理，形成强烈的立体效果。整体颜色铺完后，要确保视觉中心的色彩对比强烈，同时放松中景与远景的色彩对比度，形成图面的空间关系，软装与植物颜色最后根据图面的色彩来设计，调节整体气氛（图2-1-51）。

图2-1-51　　　　　　　　　　　　　　　　　　　　　　　　　　　　　　　　步骤三：家具塑造

（4）步骤四：刻画调整

整体效果出来之后，应该深入各个细节与配饰进行刻画，此过程是最出效果的阶段，对图面起到画龙点睛的作用。深入各个材质的表现，不同材质的固有色与反光都有区别，注意强化形体的明暗交界线，做到笔触平滑、笔挺，才会有强烈的质感，高光的处理会使形体更加立体。

绿色植物的点缀会使图面充满生机，画室内植物要区别于室外植物，对比应该更加强烈，颜色更为干净明确，最后调整图面的色调与整体明暗关系，明确图面表现中心，突出亮点组合，最后图面完成（图2-1-52）。

图2-1-52　　　　　　　　　　　　　　　　　　　　　　　　　　　　　　　　商业空间表现图（郭贝贝/2014年）

（三）问题解析

在日常表现图的练习中，从整个绘画过程而言，分为构图、线稿、铺色三个步骤，每一步的绘制都非常关键，任何步骤的缺失都会影响最终效果的呈现，所以在绘制过程中要尽量避免不当的操作，以免造成无法修复的局面。

首先，在构图过程中要明确绘图的内容及主要表现区位，通常而言，每一幅图都要表现出该角度的设计重点，即图面的视觉中心点，将来也是图面主要刻画的亮点，根据表现的要求确定透视类型。一点透视表现范围较为全面，因为是平行透视，所以绘制较为容易，但透视效果会稍显呆板；两点透视表现信息量稍有局限，但是透视效果较为灵动自由，也更容易出效果，只是绘制难度相对较大，过程比较烦琐。选择好透视类型，构图中图面部分应放置在绘制图纸的中心，图面视觉中心自然也成为主要的刻画中心。构图中，图面通常应在绘图纸周边留出3~5cm的白边，以避免图面在纸上撑得太满。视平线的制定应与绘图纸边缘平行，这样避免了构图倾斜的问题。透视线绘制时应尽量消失在灭点，这样能保证较为舒服的视觉效果。

其次，在线稿的勾画中应深化中心区位，放弱四周，才能取得较好的构图效果，勾线过程对于绘图者而言是考验设计能力和速写功力的阶段，勾线中可以借助直尺表现墙体和背景造型的透视线，也可以徒手直接勾勒，但是线条应干净流畅，不要出现曲线和断线，以免影响整体观感，图面中的其他形体尽量徒手勾画，明确家具造型和组合关系，生动的线条会使图面更富有艺术性。勾完线稿可以根据绘画习惯适当扫出明暗色调，完整的线稿也应有基本的光影关系，保证线稿的完整性与艺术性，是为了给后期上色阶段打好基础。

最后，铺色是表现图绘制中最为重要的环节，也是收尾阶段。按照上色工具的使用习惯可以选择彩铅或者马克笔为主要工具，图面色调要尽量做到丰富而统一，视觉中心部位刻画要深入，四周尽量放松，颜色和笔触逐步消失在图面边缘线，做到近实远虚的空间感塑造要求。

下文列举了在绘图时常见的图面问题，根据问题做出了讲解，避免今后在绘图中发生。

构图中图面大小比例要根据绘图纸的尺寸制定出绘画范围，图面过大或过小都不会形成视觉上的舒适感（图2-1-53）。

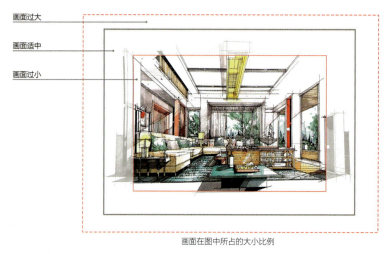

图2-1-53　　　　　　　　　　　　　　　　　问题解析图（选自学生作业/2020年）1

构图中图面范围确定好后，应当将图面放置于绘图纸的中心位置，图面偏上或者偏下会形成视觉上的不均衡感（图2-1-54）。

构图中视平线应平行于图纸的底边且高度应该低于图面中心，普通成年男性的视高在1.5m左右，如果视平线过高就会形成下大上小的透视效果，脱离了正常视高，图面会失去美感，所以视平线定在1.5m之下会让图面效果更为舒适（图2-1-55）。

在铺色完毕后要整体审视图面，做到色彩均衡、中心突出，避免图面单侧色调过于凝重而造成画面失衡（图2-1-56）。

上色过程中整体色调铺完之后应该着重图面中心的刻画，不能平均对待，应做到主次分明（图2-1-57）。

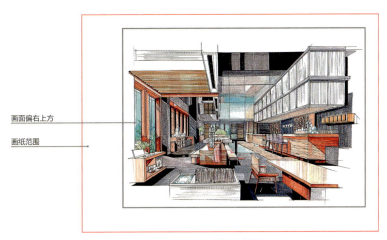

画面偏右上方
画纸范围

画面在构图中的位置

画面偏左下方
画纸范围

画面在构图中的位置

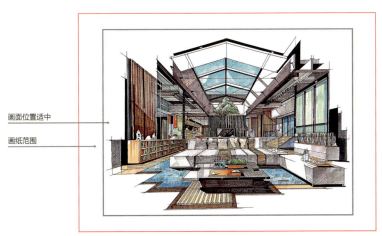

画面位置适中
画纸范围

画面在构图中的位置

图2-1-54　　　　　　　　　　　　　　　　　　问题解析图（选自学生作业/2020年）2

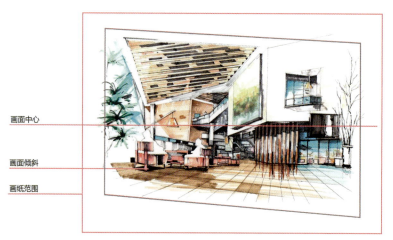

画面在构图中的位置

视平线在构图中的定位

视平线在构图中的定位

图2-1-55　　　　问题解析图（选自学生作业/2020年）3

图2-1-56　　　　　　　　　　　　　　　　　　　　　　　　　　　问题解析图（选自学生作业/2020年）4

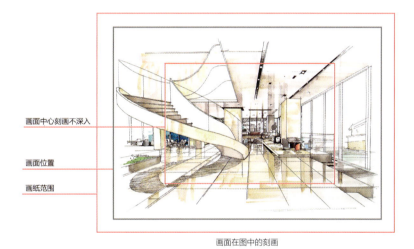

图2-1-57　　　　　　　　　　　　　　　　　　　　　　　　　　　问题解析图（选自学生作业/2020年）5

第二节
景观设计手绘表达

Landscape Design
Hand-Drawn Expressions

　　手绘表达在景观设计中具有不可或缺的地位，是设计相关专业学生必须掌握的基本技能。它不仅为学生的进一步学习和职业生涯奠定了坚实的基础，同时也为设计师提供了一种有效的方式来展示设计意图和综合能力。手绘表达在景观设计中依赖于线条、透视、景观元素、构图和色彩等表现手法，并在此基础上对不同景观设计领域进行拓展。这包括对景观元素的单独训练、组合训练，以及最终实现的综合场景的表达。为了熟练掌握这一技能，学生需要进行大量的实践和总结。只有这样，他们才能灵活应对各种场景，迅速展现设计思维，达到眼到手到、心到手到的境界。

一、课程概况

　　景观设计手绘表达课程遵循从基本的理论入手，然后介入景观相关的概念以及需要掌握的设计表达的要素训练，最后掌握综合场景手绘表达这一课程逻辑体系。整个课程将景观的基础体块、主要单体以及单体组合等内容作为景观手绘表达训练的首要任务；其次过渡到涉及景观设计手绘相关内容的进阶；最后针对性地训练景观设计手绘表达的核心知识点，即场景综合表达的训练。训练的体系由浅至深、由易至难地渗透相关技法，通过渐进式的训练，使学生系统地认知该类别手绘训练的难点和重点，并初步掌握解决问题与深入训练的方法。

　　1. 课程内容：
　　景观设计手绘表达透视、构图和线条训练；
　　景观设计手绘涉及的植物、城市景观家具、配景要素等单体训练；
　　景观设计手绘组合训练；
　　景观设计手绘分步骤、多技法的综合表达。
　　2. 训练目的：使学生了解景观设计手绘表达的原理、规则以及技法，初步掌握以手绘表达为媒介快速展现设计思维与创意的能力，为以后的专业学习打好基础。
　　3. 重点难点：透视、线条、马克笔技法表达以及景观场景综合表达。
　　4. 作业要求：
　　大量训练线条，包括直线条、曲线条、长直线条等；
　　用尺规训练一点与两点透视，特别是视点与视高的定位；
　　针对景观单体的线稿训练，在谷德网、pinterest 网站、花瓣网以及大作网搜索相关实际场景图片训练；
　　马克笔体块以及景观单体与材质的技法表达；
　　景观设计小组合线稿与马克笔表达；
　　景观设计复杂场景的综合技法表达。
　　5. 课程实践：24 课时
　　6. 参考资料：赏析各国手绘大师的经典案例，学习不同表现技巧（详见第三章）

二、训练案例

　　在景观设计行业与设计类高校教学中，虽然电脑制作成为主流表现方式，但电脑表现也有其制约性，例如在景观空间构思的思想挖掘深度有所缺失，以及景观设计师在方案思考与电脑操作中常常有对话不同步的现象，致使电脑无法高效记录与表现人脑瞬间的创意火花，从而制约与固化景观设计师们的设计思维，这是手绘与电脑绘图最大的差异。因此，在当今景观设计公司的设计方案和设计类高校教学中，手绘表现也起着不容忽视的作用。从 SWA 与 EDSA 两大顶级景观设计公司以及高校学生作业优秀案例的赏析中，通过两部分的对比与赏析，窥探学生训练与行业实践表达的异同。同时,通过对构图、素描与色彩的学习,构建出景观设计表达的认知。

(一)行业优秀案例

1. SWA 景观设计公司手绘表现

SWA 作为全球知名的景观建筑、城市设计和规划事务所之一,擅于提供巧妙处理用地、环境和城市空间的规划设计方案,以及为客户创造与众不同的场所。其手绘风格以水彩为主,其特点为色彩淡雅,色调统一,多表现为大尺度空间虚实表现。鸟瞰图表达是重点,展现对城市尺度宏观层面的考量(图 2-2-1、图 2-2-2)。

2. EDSA 景观设计公司手绘表现

EDSA 是世界环境景观规划设计行业的领袖企业之一。总部位于佛罗里达州的罗德岱堡,并在奥兰多、洛杉矶、犹他州、阿根廷、纽约及中国等国家与地区设有分支机构。其在大型综合开发项目、旅游度假项目、居住环境项目、市政项目及公园与娱乐项目的规划设计方面所展现出的无与伦比的创造性能力得到了广泛的认可。其手绘表现以马克笔为主,色彩搭配绚丽多彩,运用对比色,注重景观空间氛围的营造(图 2-2-3)。

图2-2-1
沙特阿拉伯瓦嗪区总体规划
(李蓉晖/2008年)

图2-2-2
美国西雅图康梦思剧院景观设计
(李蓉晖/2009年)

图2-2-3　　　　　　　　　　　　　　　　　　　　　　　　　　　　　　　商业景观效果图

（二）优秀作业案例

优秀学生作业案例的介绍以高校学生课堂手绘表达临摹作品为例，从水彩表现、彩铅表现以及马克笔表现三方面的优秀作业进行展示。从景观设计表达三个主要的技法训练，并基于本章节所涉及的教学体系与框架，集中展示课堂教学成果，以及不同学生运用不同技法对景观手绘表达的理解力和对图面的掌控力，为广大景观设计专业的学生提供参考。

1．水彩技法手绘表现（图2-2-4、图2-2-5）
2．彩铅技法手绘表现（图2-2-6）
3．马克笔技法手绘表现（图2-2-7～图2-2-9）

图2-2-4
校园景观表现
（彭惟馨/2019年）

图2-2-5
住宅景观表现
（王静彤/2019年）

图2-2-6
鸟巢景观表现（刘良森/2019年）

图2-2-7
景观表现（金禹凯/2019年）

图2-2-8
世博园景观表现（陈钜泽/2019年）

图2-2-9
景观规划鸟瞰图（陈梅瑶/2018年）

三、知识点

景观设计手绘表现基础的搭建主要在于景观单体表现、景观具象的形式转换、组合要素的专业演绎,以及艺术表达等几方面。手绘单体就好比是建筑基座,决定着上层建筑的高度,因此练好景观设计手绘单体,是决定着手绘好坏的关键步骤。为方便同学掌握景观主要的单体技法训练,以景观设计手绘表达内容涉及的类型与空间维度为依据,归结为几大类:体现景观人文关怀的室外城市家具类;涉及园林景观主要内容的植物搭配类;点缀景观的小品类;表现景观声、水环境类;古典园林景观置石类,以及表现景观空间尺度与活动属性的人物画法类等,其上色的技法主要介绍马克笔的上色步骤。

(一)分解与训练

1. 具象的形式转换

(1)透视体块组合

透视组合手绘表现

透视是一切空间成像的基础,在训练组合之前必须要了解透视原理,而透视最佳的训练方法就是组合单体的训练。在画几何体块的一点透视时,首先定好地平线与视线,然后根据视高(1.5~1.7cm)定好灭点,最后根据组合物体的高度,需要注意的是在透视线上的面都要消失于灭点;两点透视相对复杂,因其有两个灭点,所以在画两点透视时要注意灭点的定位(图2-2-10、图2-2-11)。

体块组合手绘表现

在进行复杂单体的组合训练之前,需要先从体块入手,了解最基本形体的组合关系。首先按照一点透视原理进行长方体与正方体的简单堆叠,但不相交;其次进行体块的相切与相交;最后交代清楚体块相交之后的覆盖关系、阴影关系以及前后关系,形成最基本的空间认知。两点透视的体块组合训练亦是如此(图2-2-12)。

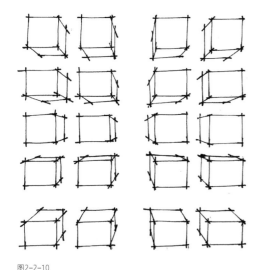

图2-2-10
一点透视组合表达
(夏伟/2021年)

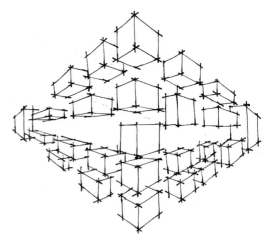

图2-2-11
两点透视组合表达
(夏伟/2021年)

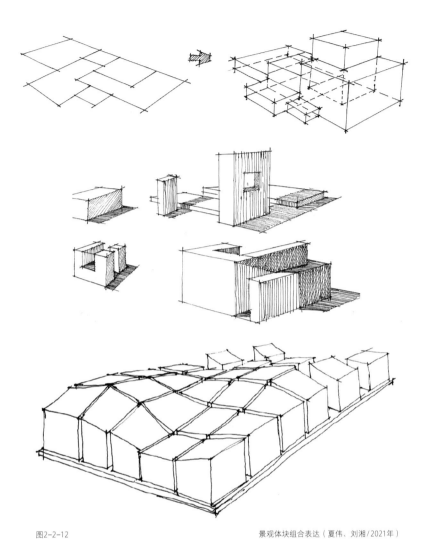

图2-2-12　　　　　　　　　　　　　　　　景观体块组合表达（夏伟、刘湘/2021年）

（2）植物单体形式转换

乔木手绘表现

植物表达在园林景观设计中占有举足轻重的位置，是手绘表达中的重中之重。乔木依其高度而分为四级，分别是伟乔（31m以上）、大乔（21~30m）、中乔（11~20m）以及小乔（6~10m）。乔木一般在手绘场景中作为背景树或者前景树处理，在表达乔木时要将其分解成树冠、树枝、树干三个主要部分，每一部分都要单独理解与训练。将树冠理解成为一个圆球状与三角形，分析受光、背光与大致形态（图2-2-13）。乔木表达的难点——树枝，在刻画树枝时需要着重注意形态，越接近树冠分支越多，而且树枝越细。树干的刻画相对比较简单，需要注意用笔要灵活，多用分线段。乔木的手绘训练要依据不同乔木类型有针对性地训练，比如针叶林、阔叶林等。乔木的马克笔上色从暗部往亮部画，受光面注意留白或者用高光笔提亮，暗部在树冠与树枝相交的部分，在上色时颜色最多只能叠加4层，并且在同一色系调和，否则整个植物的颜色会变脏，不通透（图2-2-14）。

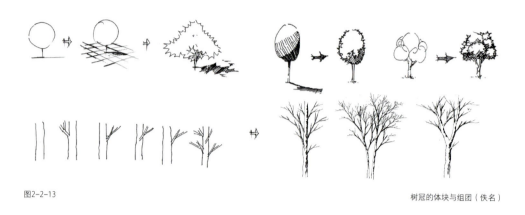

图2-2-13　　　　　　　　　　　　　　　　　　　　　　　　　　树冠的体块与组团（佚名）

图2-2-14　　　　　　　　　　　　　　　　　　　　　　　　　　　中小乔木的表达（佚名）

灌木手绘表现

　　灌木是比乔木低一等级的植物，高度在3.5m以下，且一般搭配乔木出现，在景观设计中是重要的中景和近景植物，需要认真刻画与重点掌握。刻画灌木时，还是将树冠理解成为圆球状，然后细分形态。因为灌木种类繁多，在训练时需多总结与归纳。上色步骤跟乔木技法一样，但也要根据不同树种进行刻画（图2-2-15）。

图2-2-15　　　　　　　　　　　　　　　　　　　　　　　　　　　灌木的手绘表达（佚名）

草坪手绘表现

草坪的画法相对简单，线稿的表达主要是用短线条排列，注意把受光面留白。在马克笔上色时只需注意固有色的刻画与远近冷暖关系的处理即可（图2-2-16）。

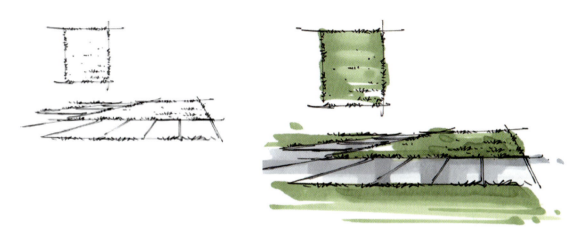

图2-2-16

草地的运笔与表现（佚名）

花卉地被手绘表现

花卉一般在场景中作为配景出现，起到活跃图面的作用。在勾画线稿时运用大笔触概括形体，且对其上色时点几笔固有色即可，再搭配高光笔增加细节（图2-2-17、图2-2-18）。

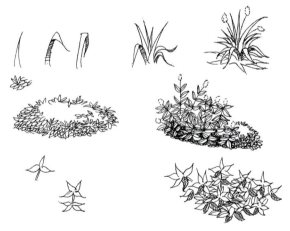

图2-2-17
花卉与地被植物的表现1
（夏伟/2021年）

图2-2-18
花卉与地被植物的表现2
（王娟/2016年）

（3）景观植物组合形式转换

乔木与灌木组合手绘表现

植物搭配是景观设计与园艺设计的主体。乔木与灌木的种类有很多，每一种都有不同的组合表达技法，因此组合训练必不可少。植物的表达如在表现图面中位于前景的位置可以适当刻画，但如果在远景或者背景则不需要细致表达。在刻画植物群组表达需要注意的是不管是详细刻画还是快速概括表达，把握准形态是第一要义。乔灌木搭配因形态各异，在表达时注意线条疏密关系，切忌画成一团，在色彩表达时也是在同色系调和，但叠加层次与笔触要有所变化。

花卉与草坪组合手绘表现

花卉与草坪组合表达的重点在于花卉，花卉因为体积小，线稿比较好刻画。花卉的色彩比较鲜亮，常被当作前景处理，活跃场地，但由于体量小，表达时也只是概括处理，在与灌木搭配时需注意覆盖与前后关系。草坪主要是表达柔软的质感，并依托乔灌木的阴影关系，确立空间感的存在（图2-2-19）。

图2-2-19　　　　　　　　　　　　　　　　　　　　　　花卉与草坪组合表现（杜健、吕律谱/2013年）

景观植物综合手绘表现

最后一组是景观手绘表现常见种类综合搭配训练，也是在景观手绘表现最重要的一环。此类组合中乔木一般处理成远景，也有为了得到框景效果，将其前置，依据设计意图灵活布置即可。灌木则是处理成中景，花卉处理成前景来表现植物的高低错落关系，形成景观视觉美感（图2-2-20）。

图2-2-20　　　　　　　　　　　　　　　　　　　　　　　　　　景观植物综合表现（邓蒲兵）

2．要素的专业演绎

（1）家具类单体训练

座椅手绘表现

景观设计的主要内容是涉及室外空间环境，而座椅作为室外空间重要的城市家具类型，是景观设计中重要的配景。在座椅起形时，首先把座椅理解成为一个正方体或者长方体，然后在其中切割出座椅的体块，但座椅的基本尺寸要熟知，例如常见的室外座椅尺寸：高度38cm、坐宽43cm、靠背高度48cm，最后刻画座椅的细节与装饰。马克笔上色时注意椅子的结构与转折，并且依据光线去分析受光与背光（图2-2-21、图2-2-22）。

图2-2-21
景观座椅马克表现1

图2-2-22　　　　　　　　　　　　　　　　　　　　　　　　　景观座椅马克表现2（杜健、吕律谱／2013年）

铺装手绘表现

铺装是附着在地面的装饰材料,为景观设计提供界面基石,并且体现着景观设计的品质。铺装的表达首先要了解铺装的材质特性,例如大理石分为抛光和毛面等,在表达时需注意区分,木材同理。其次在图面整体塑造时,铺装的表达要符合图面的透视关系,根据图面的阴影关系,表达明暗,拉开空间的纵深(图2-2-23)。

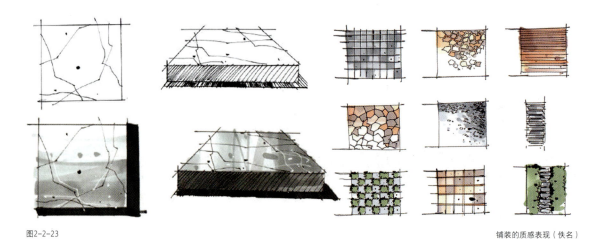

图2-2-23　　　　　　　　　　　　　　　　　　　　　　　　　　　　　　　铺装的质感表现(佚名)

指示牌手绘表现

指示牌在景观设计手绘表达中并不是经常涉及,在商业景观表达中时常出现,其画法也比较简单,依据造型按照透视安排即可,常用尺寸为1.5~1.8m(图2-2-24)。

图2-2-24　　　　　　　　　　　　　　　　　　　　　　　　　　　　　　指示牌形式表达(夏伟/2021年)

景观灯手绘表现

景观灯在景观手绘表达中虽说不是主景,但在特定环境中,比如公路景观与市政景观中是必不可少的配景,其尺寸在3~5m。在手绘表达中应根据不同造型进行具体对待,比如圆柱式、立方体式、不规则曲线式等。

（2）构筑物单体训练

亭榭手绘表现

亭榭不管在中国古典园林还是现代景观中运用颇广，要将其视为建筑来表现。首先要将结构线稿表达到位，将亭榭依照两点透视原理理解为正方体，把形态把握准确，然后在此基础上刻画细节。其马克笔上色相对简单，表达出固有色与光影即可。亭榭不会单独表现，一般都搭配植物山石或者临近水面的环境出现（图2-2-25）。

图2-2-25

亭榭的表达（杜健、吕律谱/2013年）

廊架手绘表现

廊架与座椅刻画类似，也是将其块面化，依据造型灵活处理。廊架的处理重点是依据光影将转折面交代清楚，像廊架这种结构较多的构筑物，马克笔上色较为简单，交代固有色即可（图2-2-26）。

景墙手绘表现

景墙是现代景观体现设计品质的重要元素。在中国古典园林中是将景墙当作框景，其作用是体现空间的以小见大。景墙的表达主要集中在多变的造型，以及墙上的Logo表现。其上色主要表现周边物体跟它的阴影关系，表达斑驳的质感与空间感（图2-2-27）。

雕塑手绘表现

雕塑一般在空间起到画龙点睛、聚焦视线的作用。手绘表达的重点主要是体现材质与造型。雕塑的马克笔上色表达要注重不同材质的表现，以及凸显雕塑体积的厚重感（图2-2-28）。

Chapter Two 环境设计手绘表达

图2-2-26　　　　　　　　　　　　　　　　　　　　　　　　　　　　廊架的表现（杜健、吕律谱/2013年）

图2-2-27　　　　　　　　　　　　　　　　　　　　　　　　　　　　景墙的表现（杜健、吕律谱/2013年）

图2-2-28
雕塑强调图面视觉中心（吕律谱/2013年）

（3）水系画法训练

喷泉手绘表现

喷泉的画法不需要着重刻画，线稿大致勾勒一下形态，马克笔上色时一般作画结束时用蓝色扫一下，再配合高光笔画出四溅的水花（图2-2-29）。

图2-2-29　　　　　　　　　　　　　　　　　　　　　　　　　　　　喷泉的手绘表现（杜健/2012年）

跌水手绘表现

跌水刻画的时候注意跌水水流的方向，上色时依据跌水方向运用扫笔（图2-2-30）。

镜面水景手绘表现

镜面水景的处理一般直接画天空与周边环境即可，避免过多的笔触把水体画脏，影响图面的通透感（图2-2-31）。

图2-2-30　　　　　　　　　　　　　　　　　　　　　　　　　　　跌水的透明感表现（夏伟/2021年）

图2-2-31　　　　　　　　　　　　　　　　　　　　　　　　　镜面水的倒影表现（吕律谱、杜健/2012年）

（4）置石画法训练

孤置石头手绘表现

孤置石头的画法一般表现石头的造型奇特，例如形态各异的太湖石。石头的线稿表现要注重面与面转折的棱角，注意线条的力度与速度的掌控。孤置石头虽说是造型奇特，形状随机，但也要注意立体感的塑造，也可进行块面化的处理。在上色时首先注意石头的冷暖色调，受光面偏暖，背光面偏冷，然后是表现周围的石头，以及石头给周围场景阴影的刻画，但需注意不要表现太过生硬，运笔要放松（图2-2-32）。

图2-2-32　　　　　　　　　　　　石头的孤置表现（胡志华/2013年）

群置石头手绘表现

群置是石头表现的常见方式,刻画与孤置石头相似,唯一不同的是群置有相互的遮盖关系,所以在表达时需要留意石头与石头之间的阴影覆盖关系,以体现出空间感(图2-2-33)。

图2-2-33　　　　　　　　　　　　　　　　　　　　　　　　　　　石头群置画法(夏克梁/2015年)

(5)景观单体组合训练

A. 景观家具组合手绘表现

座椅、景观灯、植物与人组合手绘表现:在景观设计手绘单体组合表达过程中,必须有植物的介入,才能具备空间与专业识别性。座椅、景观灯与植物的单体表现已在前面章节阐述,在此就不再赘述。但需要注意这三者在组合时,要注意近、中、远景的搭配、人物动态以及植物的搭配,不同的组合表现出来的空间氛围感会完全不同。例如座椅位置的不同体现出场景的休闲功能性的强弱就不同、植物高低搭配能体现出空间私密或者公共的特性,且植物在前景就要注重景观的观赏性,植物品种搭配需要考究,景观灯在前景体现出商业场景识别性等。因此手绘表达时需要依据景观设计的构思合理安排不同单体的位置(图2-2-34)。

图2-2-34　　　　　　　　　　　　　　　　　　　　　　　　　　　座椅、景观灯、植物与人组合表达

指示牌与景观灯组合手绘表现：此类组合一般出现在公园入口以及重要节点的位置，不是景观设计手绘表达的重点，在组合表现时，只需根据设计特征形态表现准确即可。

座椅与铺装组合手绘表现：此类组合在景观设计手绘表现中最为常见，也比较容易掌握。在此组合中常将植物作为远景、座椅与垃圾桶作为中景、铺装作为前景进行图面组织（图2-2-35）。

图2-2-35
座椅、铺装与植物组合表达
（杜健、吕律谱/2013年）

B. 景观构筑物组合手绘表现

亭、廊架与植物组合手绘表现：亭与廊架都是休闲设施，不管是在古典园林还是现代景观中一般搭配植物成组出现。亭与廊架组合表达有一定难度，其中单体的结构与透视以及整体透视表达是难点。在组合表达时要在整幅图面透视基础上进行单体的刻画，这样才能保证组合单体在图面中的协调（图2-2-36）。

图2-2-36
亭、廊架与植物组合表达
（杜健、吕律谱/2011年）

景墙与雕塑组合手绘表现：此组合表达比较简单，景墙一般是雕塑的背景，起到衬托雕塑的形态美和分隔空间的作用（图2-2-37）。

图2-2-37
景墙、雕塑与植物组合表达
（夏伟/2021年）

水景与石头组合手绘表现：水景与石头组合是滨水景观、中心景观造景的常见设计手法。在表现水景通透感时，直接刻画石头与植物在水景中的倒影，既能体现空间的静谧，也能突出场地的灵动（图2-2-38）。

图2-2-38
水景、石头与植物组合表达
（夏伟/2021年）

3. 氛围的艺术表达

（1）人物手绘表现

动态人物的手绘表现：景观设计中人物起到活跃空间氛围、体现场景特性以及空间尺度的作用。对人物的刻画有很多种，但景观设计手绘中人物的刻画不需要太多细节，只需表达大致动态。虽说很简单的几笔，但也需要大量训练，才能画出神韵。

静态人物的手绘表现：静态的人物相对简单，一般成组出现，依据场景特点选择男人、女人、小孩搭配出现（图2-2-39）。

（2）车的手绘表现

汽车是表达街景的重要配景，在刻画汽车时首先要将汽车理解成一个简单的长方体，其目的是保证透视准确，但需注意的是汽车的尺度。一般小型汽车尺寸全长3.4m以下，宽和高均为1.6～1.8m（图2-2-40、图2-2-41）。

图2-2-39　　　　　　　　　　　　　　　　　　　　　　　　人物动态、静态以及成组画法（杜健、吕律谱/2013年）

图2-2-40　　　　　　　　　　　　　　　　　　　　　　　　车的单体表现（邓蒲兵/2013年）

图2-2-41　　　　　　　　　　　　　　　　　　　　　　　　　车的街景马克笔表现（赵航/2017年）

（3）天空的手绘表现

天空在景观手绘表达中起到承托主体的作用，其大小主要依据图面预留的面积而定。效果图中如果天空面积预留较大时，天空中的云朵要表现得丰富些，图面才不显得单调乏味。反之，图面天空预留的面积小，则要表达得简单些。在景观手绘表现中值得注意的是天空的颜色搭配不可过于复杂，否则影响图面的主次与空间感。以线稿为主的图面天空的表达运用交叉线，通过疏密强调云朵的边界，而马克笔上色时则是通过笔触的大小以及强弱变化来表现云朵边界（图2-2-42）。

图2-2-42　　　　　　　　　　　　　　　　　　　　　　　　　天空的表达

（二）综合与提升

景观设计手绘综合表达与提升是将前面章节所讲技法集大成的体现，是检验各章节知识点是否过关的验金石。综合技能的表现是强调对全局的统筹能力，既要有基础透视、构图、线条的准确，也要有色彩的搭配与调和。因此，此部分从景观组合的水彩、彩铅、马克笔和综合等技术表现，到详细分解图面逐步刻画的过程，最后到手绘表达技巧提升，这一完整闭环学习过程，以加深并提高广大学生对景观手绘的认知。

1. 景观的技术表现

（1）水彩技法的手绘表现

水彩画是一种用水调和透明颜料作画的方法，水彩也是景观表现最早的一种表达媒介。干画法与湿画法是水彩画常用的技法。干画法是水彩画的最基本技法，通过平涂、重叠、衔接、并置等手法进行作画，对水的控制是其难点；湿画法是在湿润的纸上，在前一遍颜色还湿润之时，紧接着上色，使色与色相互渗透，达到水色交融、色彩柔和滋润的效果，给人轻松、洒脱、爽快之感（图2-2-43、图2-2-44）。

图2-2-43
景观的水彩表达1
（李蓉晖/2005年）

图2-2-44
景观的水彩表达2
（余春明）

（2）彩铅的手绘表现

彩铅是一种便于携带与操作的绘画工具，彩铅画是介于素描与水彩之间的绘画形式，其表达形式与素描相似，因此要求绘画者有较高的素描基础与较好的审美。通过丰富的颜色叠加也能产生很好的效果，图面淡雅厚重，但耗时耗力，学习者需要仔细揣摩与实践（图2-2-45）。

（3）马克笔的手绘表现

马克笔是当下景观设计表达最为主流的表现工具，其特点是用笔干净，色彩明快，对比突出，并且耗时短、易上手。马克笔上色讲究快、准、稳，但缺点是用笔不能停顿与犹豫，并且颜色叠加过多图面易变脏，这就要求绘图者充分了解马克笔特性与对色彩的敏感度（图2-2-46）。

图2-2-45　　　　　　　　　　　　　　　　　　　　　　　　　　　　　　　　景观效果图、平面图的彩铅表达

图2-2-46　　　　　　　　　　　　　　　　　　　　　　　　　　　　　　　　景观的马克笔表达（杜健、吕律谱/2012年）

（4）综合技法的手绘表现

综合类表达是将前几者相结合，其中最多的是马克笔和彩铅的结合，以及数字媒介与手绘的结合（图2-2-47）。

图2-2-47　　　　　　　　　　　　　　　　　　　　　　　　　　　　　　　　景观的综合表达（李蓉晖/2008年）

2．表现的过程分解

（1）马克笔手绘表达步骤分解

第一步：线稿构图。画好一张线稿是好的景观手绘表达的基础。首先，在纸上想好构图的位置。构图最忌讳过满，会让图面"堵"，没有空间感与美感。避免此类现象的方法有两种：第一，将纸的四周向里缩放5~10mm，铅笔画框，保证四周留有余地；第二，用打点的方式定位，定出图面的上下左右的位置。其次，定出地平线。将刚才画好的方框分成三等分，选取靠下的三分之一位置作为地平线。最后，确定比例、视高与灭点。在定好比例的基础上（1：100，1：200）向地平线上方按比例定出视高点，依据此点做地平线的平行线称作视线，然后按照一点透视或两点透视在视线定好灭点。需要注意的是灭点的确定要依据景观方案设计的表达需要选择合适的透视。完成所有准备工作之后，用铅笔画好雏形，再用签字笔上墨线（图2-2-48、图2-2-49）。

第二步：环境铺色。在画好线稿之后，接下来就是环境铺色，铺色的目的是加强图面空间感与体积，线稿的铺色讲究黑白灰的搭配协调（图2-2-50）。

第三步：选定光源。光源方向即太阳照射方向，目的是确定图面的受光面与背光面。然后用从轻到重的调子进行铺色，切忌不要一遍铺色太重，要为后面的刻画调整留有余地（图2-2-51）。

第四步：明暗调子铺色。树木与其他景观小品亮部受光面可以预留先不画，做留白处理；从物体阴影面到反光面，采用斜线开始铺一遍调子，然后再用交叉线（防止线条叠加，颜色过重），从明暗交界线开始往外逐渐淡化。注意不管单体转折面多复杂，暗部与反光面要保持方向一致（图2-2-52）。

第五步：单体塑造。单体塑造是为了强调空间的前后关系，塑造得越细，在空间的位置越靠前；反之，则越靠后。首先，从前景的物体（前景树、雕塑小品、构筑物等）或者自己感兴趣的开始塑造，在环境铺色的大基调上重新从暗部往亮部画，交代清楚细节，比如结构转折、装饰以及材质表达；然后，过渡到中景的塑造，相对于前景，中景的塑造细节稍微弱化；最后，为了空间的退后，后景塑造只需强化一下明暗对比即可（图2-2-53）。

第六步：刻画调整。刻画调整强调整体图面的黑白灰关系与前后关系，凸显中心景观节点（图2-2-54）。

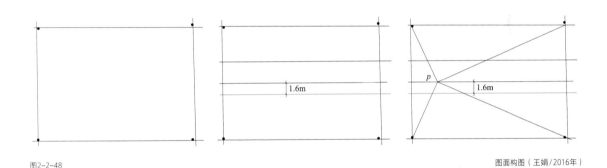

图2-2-48　　　　　　　　　　　　　　　　　　　　　　　　　　　　图面构图（王娟/2016年）

图2-2-49　　　　　　　　　　　　　　　　　　　　　　　　　　　　线稿构图（王娟/2016年）

图2-2-50　　　　　　　　　　　　　　　　　　　　　　　　　　环境铺色（王娟/2016年）

图2-2-51　　　　　　　　　　　　　　　　　　　　　　　　　　选定光源（王娟/2016年）

图2-2-52　　　　　　　　　　　　　　　　　　　　　　　　　明暗调子铺色（王娟/2016年）

图2-2-53　　　　　　　　　　　　　　　　　　　　　　　　　单体塑造（王娟/2016年）

图2-2-54   刻画调整（王娟/2016年）

（2）马克笔＋彩铅综合技法手绘表现步骤分解

第一步：综合表现技法注重从线条、构图、透视以及上色环节的环环相扣，互相支撑。在画线稿时要注意前后关系表达清晰与完整，利用近实远虚、近明远暗的透视原理处理建筑与植物的关系。例如下图视觉中心是廊架，但前面的乔灌木与石头以及水景的组合是景观设计表达的重点。在线稿阶段既要交代清楚景观单体之间的结构与明暗色块，又要处理前后的空间关系，这样才有较好的图面空间感（图2-2-55）。

第二步：完成线稿后，把周围植物以及地面的固有色进行概括铺色，需注意近景的植物颜色明度高且颜色丰富，远景植物明度低。本张图用的是法克勒色系表现。选用冷色系绿色快速铺植物，用冷色铺地面，并从轻到重刻画细节，注意颜色同色系调和与图面的受光面留白（图2-2-56）。

第三步：完成植物固有色铺色后，重点从中心景观即建筑主体开始铺固有色，大色块刻画出质感，并且进一步加强植物层次的刻画（图2-2-57）。

第四步：确定图面光源，刻画每个景观单体相互叠加时产生的阴影覆盖关系，加强整个图面的光感，使图面空间感增强（图2-2-58）。

第五步：整体铺完颜色后，开始重点刻画植物的颜色。由于植物种类比较多，颜色也比较丰富，要从色彩的色相、纯度以及明度来区分，并有意识地通过冷暖对比拉开空间。植物的表达除了颜色搭配，最重要的是笔触的表达。植物笔触要生动一些，根据植物的生长特性来灵活地摆笔，但也不能太随意，要跟随线稿植物的结构与品种来画。前景的铺装，重点表现物体在上面的阴影，下笔要放松，使空间往前延伸（图2-2-59）。

图2-2-55　　　　　　　　　　　　　　　　　　　　　　　　　　　　　　　　　　线稿构图（夏伟/2021年）

图2-2-56　　　　　　　　　　　　　　　　　　　　　　　　　　　　　　　　　　概括铺色（夏伟/2021年）

图2-2-57　　　　　　　　　　　　　　　　　　　铺固有色（夏伟/2021年）

图2-2-58　　　　　　　　　　　　　　　　　　　场景铺色表达（夏伟/2021年）

图2-2-59　　　　　　　　　　　　　　　　　　　　　　　　　　　　　场景植物铺色表达（夏伟/2021年）

　　第六步：加重色与调整阶段。为增加图面的明暗对比，最重的颜色可以直接选用黑色来表现。如果颜色对比太大，使用彩铅过渡。运用白笔提亮受光部，增加图面光感，最后用彩铅表达天空（图2-2-60）。

图2-2-60　　　　　　　　　　　　　　　　　　　　　　　　　　　　　整体图面细节刻画与调整（夏伟/2021年）

3. 表达的解析认知

手绘彩色平面是设计中非常重要的一个环节。从平面图表达中能集中体现设计师的设计思维与素养以及手绘表达的风格。景观设计总平面的要素包含指北针、比例尺、风向图、图例，以及植物配置表。画景观设计平面图时，除了表达材质以外，最重要的是植物对空间的围合。植物上色要轻薄，画出植物固有色即可，运笔要快，其目的是要漏出被植物覆盖的形态。为了区分植物与地面设计形态，铺完大色调后需要加上阴影，阴影方向为总图标明指北针方向的西北侧，颜色不要选太重的颜色。总图上的水体与草地的颜色，运用固有色平摆即可。但要注意，平面图是设计师展现给甲方最重要的图纸之一，往往体现设计的好坏。所以在景观设计平面图手绘表达时，树种色彩表达要丰富，营造一种轻松自然的感觉（图 2-2-61）。

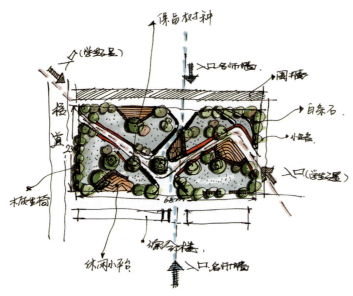

图2-2-61　　　　　　　　　　　　　　　　　　　景观平面表现（夏伟/2021年）

景观设计的立面主要是表达场地的竖向设计,展现对场地地形高差的处理以及植物搭配的细节,是展现设计特色的重要部分。在画立面图时,注意要有意识地营造高低起伏的天际线,不同材质的表达以及尺度的控制。立面的植物线稿表达要清晰,上色按照线稿轮廓,上固有色即可,注意要预留高光位置。如发现立面不太满意,及时修改平面,平面与立面相互佐证(图2-2-62)。

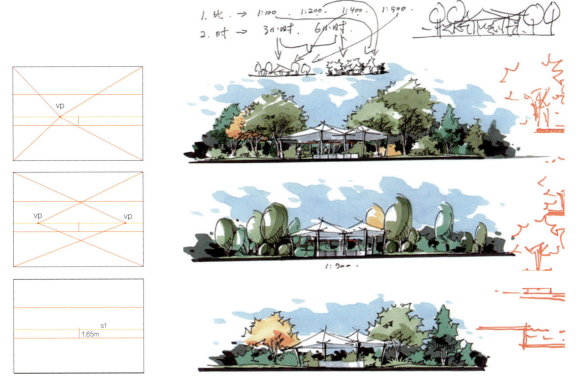

图2-2-62　　　　　　　　　　　　　　　　　　　　　　　　　　　　景观立面表现(杜健、吕律谱/2013年)

（三）问题之解析

人对事物的认识是一个动态的过程。特别是手绘表达,是需要动手操练的过程,要在大量的训练中不断地总结,才能在后期设计运用中得心应手。学生在景观手绘表达这一动态的训练认知过程中,会犯很多错误,但有技巧可以进行规避,并且快速地让手绘图面效果有较大的提升,下面就介绍常用的几种能快速提高景观手绘表达的使用方法与技巧。

1. 构图透视的选取

技巧1:构图是一幅好的手绘表现图的基础。构图过小,导致图面不饱满,而构图过满,导致图面空间不足。在起稿的开始先上下左右各预留5~10mm的间隙画框,在框里构图。

技巧2:首先定出地平线:将图面分成三等份,取靠下的三分之一处,如此能给背景天空预留较大空间,最大限度表达出景观场景的纵深感。其次定出视线:在定好的地平线上按比例定出人眼的高度(例如1.7m的人高,其视高大约1.65m)。最后,确定灭点:一点透视,在视线上任取一点,根据构图偏左偏右都可。两点透视,在视线上取两点。

注意：一点透视横向是没有透视的，与纸张的边缘平行。景观手绘表达透视只要尺寸准确，视觉看起来舒服就行，不需要太纠结透视的细节（图2-2-63）。

图2-2-63　　　　　　　　　　　　　　　　　　　　　　　　　构图透视的选取

2. 线条美感的传达

（1）运笔技巧

画线条时，为了表达线条的轻重与节奏，开始画线条回一下笔再往前画，在线段结束时也往后回一下笔，这样能在线头两端留下比较重的笔触，增加图面手绘表现感。

（2）画长线条技巧

手绘表达对于初学者难度较大。第一种方法：在画长线条时，可以将长线条分成较短的线条，在线条与线条之间打点连接，在视觉上形成连贯即可，但需要注意，次线条不可大面积使用，否则会造成图面太散；第二种方法：可以将直线条画成抖动的线条，但大致要是直线。

（3）图面手绘节奏技巧

好的手绘一定是具有快速表达的快感与节奏感，在组织图面时运用单线构建出景观场景，其要点就是线条要互相交叉，并且交叉的位置是每根线条回笔处，在线条较重的地方，需要注意的是叠加的部分要恰到好处，太短没效果，太长会造成物体结构不清（图2-2-64）。

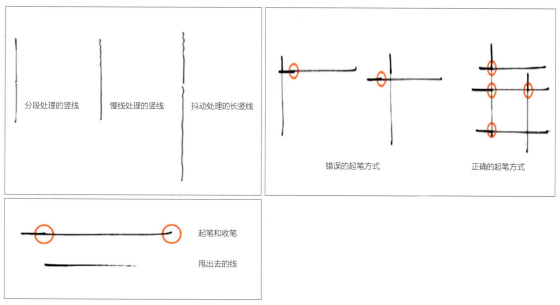

图2-2-64　　　　　　　　　　　　　　　　　　　　　　　　　　　　　　　　　　线条美感的传达（吕律谱、杜健/2013年）

3. 图面光感的塑造

（1）马克笔运笔表达光感技巧

图面的光感是一个手绘图面整体好坏的关键性过程，涉及图面的多个方面，其中最容易忽略的是马克笔上色时的笔触变化。通常马克笔塑造材质时总是一遍颜色铺满，再铺第二遍颜色，最后会让图面死气沉沉。马克笔每一遍颜色都要有宽—细—留白的过程，任何物体任何材质都适用。这样做不仅增强光感，而且为后期添加其他质感的颜色留有余地。

（2）暗面整体铺色统一光感技巧

为了让整个图面光线统一，从暗部开始铺色，依据不同物体的形态，拉开亮部与暗部的差别，为后面的光感塑造奠定基础。

（3）高光笔点缀强调光感技巧

在景观手绘表达中，待全部颜色铺完后，运用高光笔对整个图面的受光部进行强调，塑造光影明确的图面。例如植物受光部的光斑、台阶的明暗交界线处、水面的反光部等。但需注意的是高光笔只用在前景以及图面视觉中心，不可到处用，否则会造成四面来光，光感紊乱（图2-2-65）。

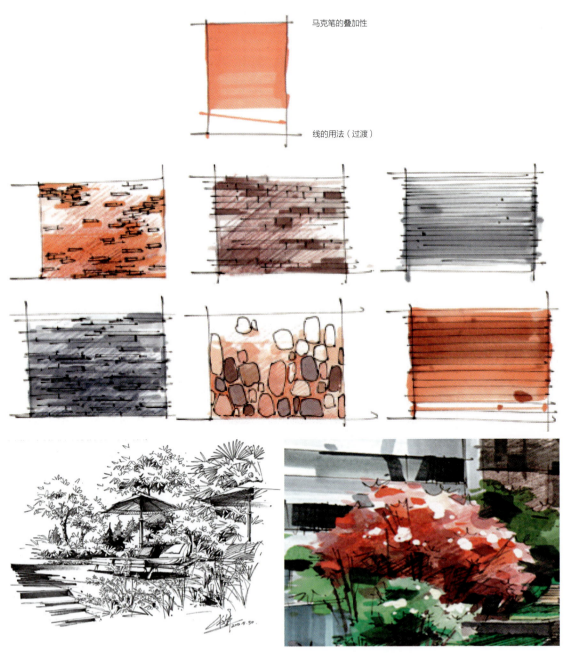

图2-2-65　　　　　　　　　　　　　　　　　　　　　　　　　　　　图面光感的塑造

4. 剖面、立面图的简化

学生在手绘景观立面图时常常无从下手,把握不准比例,运用等比例平面引线法可以既快又准地画出立面,对应着平面的位置向下引线就可以表达出完整的立面图,需要注意的是一定要与平面图等比例才可运用此法(图2-2-66)。

图2-2-66　　　　　　　　　　　　　　　　　　　　　　　　景观立面平面引线法(吕律谱、杜健/2012年)

第三节
建筑设计手绘表达

Architectural Design
Hand-Drawn Expression

建筑设计手绘表达是建筑设计师的基本素养和能力，它是建筑设计工作者在日常表达设计意图、比较方案、沟通交流、征询意见的手段，因此也是建筑设计专业的必修课程。建筑设计的表达区别于传统绘画，它吸收了建筑工程制图的方法和透视学的原理，在保证图面美感的基础上，强调图面设计形象的准确性和真实性。因此建筑设计表达所表现的作品通常不能过度强调绘图者的主观随意性。在学习与训练过程中应吸取绘画中的技法，并注重对建筑及其周边环境进行科学、严谨地观察与描摹，做到科学性、技术性和艺术性的统一。

一、课程概况

建筑设计手绘表达课程从基本理论入手，强调对透视原理、方法的掌握，并注重传统绘画中的构图方法、色彩关系、明暗对比的研习。从透视、材料、小型建筑入手，逐步加大难度，进入大型建筑、大型空间场景的训练。在此过程中要求学生注意建筑形体、色彩质感、光影虚实、主从关系表达的准确性和艺术性。课程最终目的是培养学生具备精准表达建筑设计方案的能力，并通过此课程学习观察建筑及空间环境的方法并提高对空间尺度、光影、色彩的认知及艺术审美修养的提升。

1. 课程内容：建筑表现的理论基础；
建筑单体元素的单色练习与全色练习；
建筑元素多种组合形体的全色练习；
小型建筑手绘练习；
大型建筑手绘练习。
2. 训练目的：
通过对建筑设计手绘表达课程的学习，使学生掌握建筑设计表达的基本方法，培养出较好的手绘表达能力，能够绘制出构图完整、透视准确、表达清晰、色彩关系明确且具有较高艺术感染力的建筑手绘表现作品。在未来的建筑设计课程及建筑设计项目中通过手绘表达实现设计沟通及设计呈现等实践工作。
3. 重点难点：
该课程的重点在于对透视原理的理解及运用、透视图的取景方法、上色方法和工具的理解及掌握、建筑手绘表现图的灵活应用四大环节，必须针对该课程进行专业的详细讲解、示范，让学生在课堂教学过程及课下完成大量练习。
4. 作业要求：透视训练
建筑单体元素训练
小型建筑训练
大型建筑训练
5. 课程实践：24 课时

6. 参考文献：赏析手绘名家经典案例

二、作品案例

建筑设计过程中运用手绘的方式可以快速直接地捕捉设计师脑海中的创意与灵感，因此，即便在利用电脑制作效果图普及的当下，众多的建筑从业者和学习者，在设计过程中仍然会坚持运用手绘这一方式推敲和表达建筑设计方案。在手绘过程中，记录了设计师对建筑设计的思考及方案最终要呈现的初步效果。回顾优秀设计师的设计手稿，是学习其思考过程与设计理念的重要方式和手段。初学者在日常的学习和考察过程中，常备绘图工具，坚持写生，运用手绘的方式记录所见、所学、所思是非常便捷而高效的学习方法。

（一）大师作品案例

勒·柯布西耶（图2-3-1），20世纪著名的建筑大师、城市规划家和作家、现代建筑运动的激进分子和主将、现代主义建筑的主要倡导者，机器美学的重要奠基人，被称为"现代建筑的旗手"、功能主义建筑的泰斗。他和格罗皮乌斯、密斯·凡·德·罗、赖特并称为"现代建筑派或国际形式建筑派的主要代表"。代表作有萨伏伊别墅、朗香教堂、马赛公寓等。

柯布西耶在其学生时代便游历欧洲，在此期间其绘制了大量的建筑速写及旅行笔记（图2-3-2）。1908~1909年，他在法国建筑师奥古斯特贝瑞的事务所实习，成了一名制图员，并跟随贝瑞学习了如何使用钢筋混凝土，为其日后成为现代主义建筑大师打下了良好的基础。

图2-3-1

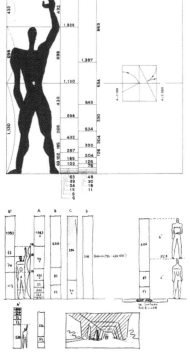

勒·柯布西耶与"模度人"（柯布西耶/法国/1923年）

柯布西耶的设计草图体现了非常扎实的绘画功底,柯布西耶曾说,我喜欢用绘画来表达设计构思,绘画可以更快、更真实。在没有电脑制图的时代,勤奋而善思的柯布西耶运用其娴熟的手绘能力将诸多的优秀设计方案呈现在纸面,回顾他的手稿犹如旁立其左右观摩他对设计的思考过程一般受益匪浅(图2-3-3)。

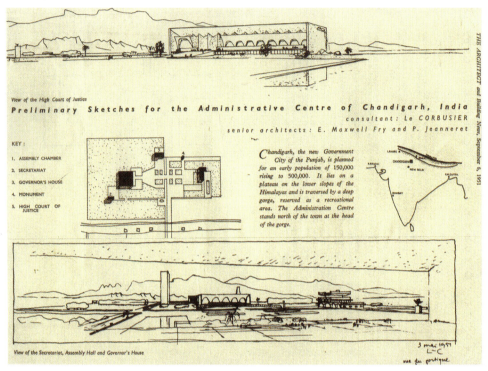

图2-3-2　　　　　　　　　　　　　　　　　　　　　　　　圣马可广场草图(柯布西耶/法国/1907年)

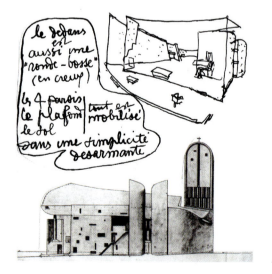 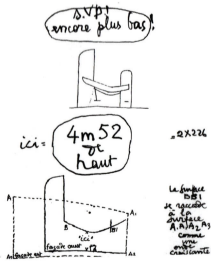

图2-3-3　　　　　　　　　　　　　　　　　　　　朗香教堂的笔记本草图(柯布西耶/法国/1950~1951年)

100

（二）学生作业案例

手绘表达作为重要的设计表达手段，在设计类院校建筑设计专业的日常课程当中扮演着重要的角色。课程中强调学生对透视学原理的认知深度及应用的熟练度。学生对透视的掌握程度是其手绘表达是否准确的基础。其次是对不同表现材料的训练。水粉、水彩、马克笔、彩色铅笔均具有其自身的特殊材料属性，所呈现的图面风貌也各不相同。只有在熟悉不同材料的表现能力与特性的基础上，才可针对不同的表现效果选择与之相适宜的表现手段（图 2-3-4～图 2-3-7）。

图2-3-4
某博物馆空间手绘效果图
（吴文超/2007年）

图2-3-5
某公园入口手绘表达
（吴文超/2013年）

图2-3-6　　　　　　　　　　　　　　　　　　　某展馆设计方案（彩色铅笔/麦漾友/2018年）

图2-3-7　　　　　　　　　　　　　　　　　　　别墅设计表现（学生作品/刘海明/2009年）

三、知识点

　　建筑效果图表现的知识点包含分解训练和综合提升两部分，涉及透视、构图、光影、材质等要点内容，各要点为建筑效果图绘制的基础，通过分解训练与综合提升的有序练习，可以较好地提高绘图者对图面品质的把控能力。因此初学者宜从分解训练入手，强化自己对透视理论、构图方法、光影关系的理解，之后再进行材质表达、建筑配景、小型及大中型建筑的提升训练。循序渐进，由浅入深，由理论至实践，通过反复练习积累经验，可逐步提高建筑效果图的绘制水平。

（一）分解与训练

该阶段是建筑手绘效果图的基础练习阶段，主要包含透视原理、构图方法、光影关系三部分内容。这一阶段的练习对于初学者而言不仅仅要发挥其感性认知能力，还强调其理性理解能力和理性表达能力。这三方面的训练内容均需要学生进行一定程度的数理推演的训练，同时结合自身对图面的感性追求。感性和理性两方面共同发挥作用，才能较好地实现建筑手绘所追求的准确性和艺术性。

1. 透视原理

选择合适的视点

正常的视角一般是以视中线为对称轴 60° 以内角度，超过此范围则会产生失真现象。

确定视点的方法：按照视角不大于 60°，并以视中线为对称轴的原则，将 60° 三角板底边平行于图面，斜边向着中心并靠建筑平面左右两个最边角点（图 2-3-8）。

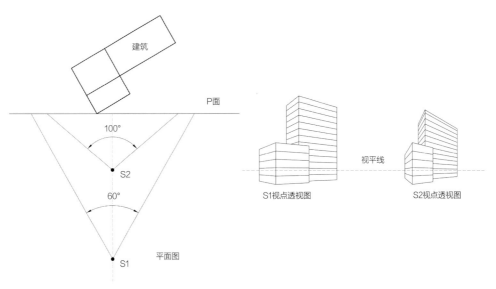

图2-3-8　　　　　　　　　　　　　　　　　　　　　　　　　　　　　　视点的选择（吴文超/2012年）

选择适宜的视高

视高即是人视线的高度，是人的眼睛到地面的距离，通常为 1.5～1.7m。在这个视高下所表现的建筑具有较强的真实感，如表现的建筑为低矮的小型建筑，正常视高的透视图会显得平庸和呆板，此时可以适当升高或降低视高，以增加图面的视觉冲击力。为表现建筑的宏伟感受，通常会降低视高；为展现建筑群落或建筑与周边环境的关系时可提高视高，形成鸟瞰效果（图 2-3-9）。

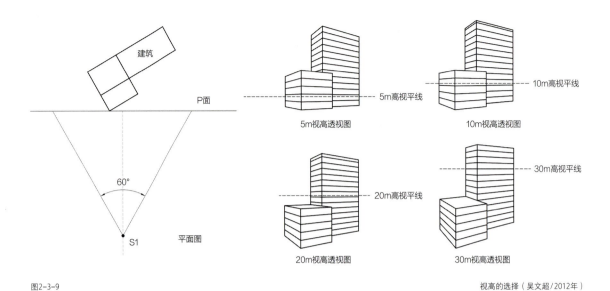

图2-3-9　　　　　　　　　　　　　　　　　　　　　　　　　　　视高的选择（吴文超/2012年）

选择透视的类型

一点透视：适用于较为宽阔或纵深感比较强烈的建筑空间（图2-3-10）。在绘制时应考虑灭点的位置，不宜布置在图面正中心，否则会显得图面单调。

两点透视：如果建筑物仅有铅垂轮廓线与图面平行，而另外两组水平的主向轮廓线，均与图面斜交，于是在图面上形成了两个灭点，这两个灭点都在视平线上，这样形成的透视图称为两点透视。正因为在此情况下，建筑物的两个立角均与图面成倾斜角度，故又称成角透视（图2-3-11）。

2．构图方法

图幅的选择

建筑效果图的构图即根据建筑设计的要求，通过合理的美学手段将要表现的建筑形象以适当的方式进行组织，从而构成一个突出整体、协调统一、均衡完整的图面。建筑效果图常选用 A4～A0 的图纸进行绘制，因此其画幅多为长方形（图2-3-12）。图面构图的长宽比要与所表现的建筑形体尺度相匹配，通常高耸的建筑表现宜选用竖幅构图，平直的建筑表现宜选用横幅构图。

构图的基本形式

中心式构图，即将建筑主体放在图面的中心位置进行构图，中心式构图的优势是可以最大限度突出所要表现的建筑物，图面形成左右均衡的对称效果，适宜表现庄重肃穆的建筑形象（图2-3-13）。

图2-3-10　　　　　　　　　　　　　　　　一点透视

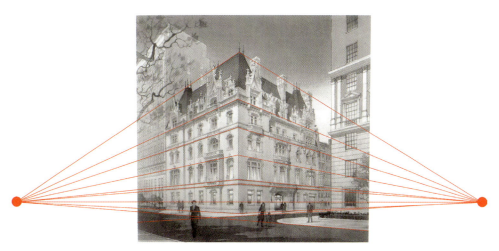

图2-3-11　　两点透视

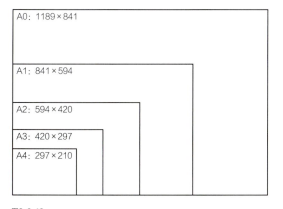

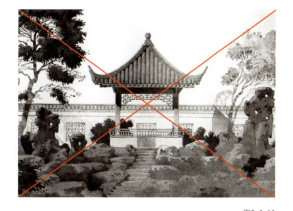

图2-3-12

图幅尺寸（单位：mm）

图2-3-13

中心式构图（彭一刚）

　　水平线构图，即图面构图以水平线为主，给人以舒展、平稳、和谐的感受，此种构图方法多用横幅，以表现稳定平直的建筑形态（图 2-3-14）。

　　垂直线构图，即图面构图以垂直线为主，图面呈现出崇高、耸立的效果，此种构图方法宜采用竖幅，多用来表现以垂线形象为主的高层建筑（图 2-3-15）。

　　对称式构图，即按照一定的对称轴，使图面中景物形成轴对称或者中心对称。多用于具有对称感的建筑表现中，构图有上下对称、左右对称等，具有稳定平衡的特点。在建筑表现中适宜展现设计的平衡性与稳定性（图 2-3-16）。

　　三分法构图，又称九宫格构图，一般有两横两竖将图面均分，使用时将建筑主体放置在线条四个交点上，或者放置在线条上。三分法构图主次分明，对比鲜明（图 2-3-17）。

　　框架式构图，即选择一个框架作为我们图面的前景，引导观众视线到我们建筑主体上，突出建筑主体。框架式构图会形成纵深感，让图面更加立体直观，更有视觉冲击，也让建筑主体与环境相呼应。其经常利用门洞、窗洞等来作为框架（图 2-3-18）。

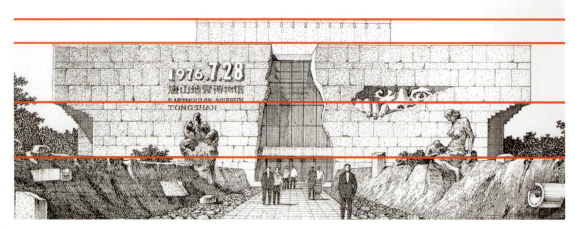

图2-3-14　　　　　　　　　　　　　　　　　　　　　　　　　　　　　　　　　　水平线构图（彭一刚）

 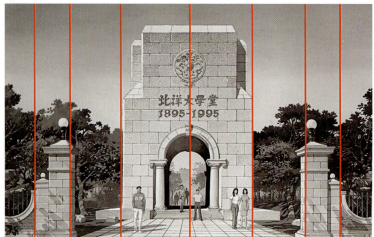

图2-3-15　　　垂直线构图　图2-3-16　　　　　　　　　　　　　　　　　　　　对称式构图（彭一刚）

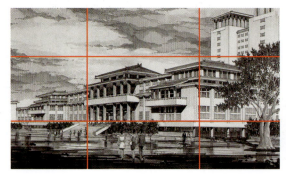 

图2-3-17　　　　　　　三分法构图（彭一刚）　图2-3-18　　　　　　　　　　框架式构图（彭一刚）

引导线构图，即通过线条来引导观众视线，吸引观众关注图面主体，使图面形成较强的视觉冲击力，常用于表现建筑的廊道、厅堂类空间（图 2-3-19）。

图2-3-19　　　　　　　　　　　　　　　　　　　　　　　　　　　　　　　　　　引导线构图

均衡式构图，就是维持图面平衡，让主体与背景衬托物体呼应从而让图面更有平衡感，增加图面纵深和立体感。其给人以满足感，图面结构完美无缺，安排巧妙，对应而平衡。此类构图由于其变化丰富，相互呼应，常用于表现组团类空间及建筑群（图 2-3-20）。

三角式构图，三角式构图具有较强的动态张力，图面活泼。三角形构图会增添图面的稳定性，常在图面中构建三角形构图元素（图 2-3-21）。

 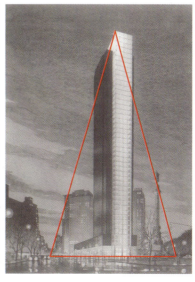

图2-3-20
均衡式构图（Thomas Schaller/美国/1987年）

图2-3-21
三角式构图

图面中建筑的位置

建筑物为图面表现的重点，应置于图面的主要位置，建筑物的四周应适度留有余地，用以表现建筑物所处的周边环境，如天空、地面、植物等内容（图2-3-22）。

建筑物所占面积过大，图面会显得堵塞、拥挤；建筑物所占面积过小，则会显得图面过于松散空旷，主体不突出。

图面层次

图面的层次通常由远景、中景、近景组成。不同远近的景致使图面形成一定的空间进深感受。

中景主要内容通常是表现建筑主体，其占据图面的重要位置及相对较大的面积，是绘制过程中的表现重点，其体块、结构、细部、材质、色彩、光影均需着重刻画。

图2-3-22　　　　　　　　　　　　　　　　　　　　　　建筑在图面中的位置

近景，主要作用有两个，其一是使建筑物后退一个空间深度，其二是起到框景的作用。近景通常是距离观者较近的植物、道路、车辆、人物、景观、水体等内容。近景虽然所处较近，本应对比强烈、色彩鲜明、细部清晰，但由于近景在图面中属于配景，从属于中景，因此不宜过分刻画，不能喧宾夺主。

远景，即图面中远处的景致，包含天空、山体、植被、建筑等内容。远景在图面中起到了进一步加深空间层次的作用，是对近景及中景的空间延续。远景的表现不宜过度强调体积感及明暗关系，色彩也不宜鲜艳（图2-3-23）。

主次关系

在建筑效果图的表现过程中，通常图面的主体为所需表达的建筑，次体为建筑周围的配景。明确图面的主次关系对于提升图面的最终效果可以起到重要作用，图面中主次关系配合得当，则主次呼应，浑然一体，相得益彰，起到事半功倍的效果。

突出重点的方法：

第一，将建筑主体布置于图面的显要位置，通常位于图面中心或中线附近，或将建筑主体布置于引导线的引向和聚点（灭点）所在位置（图2-3-24）。

第二，加强建筑主体的明暗对比，可以有效提升图面的前后层次，从而突出主体（图2-3-25）。

图2-3-23　　　　　　　　　　　　　　　　　　　　　图面的层次

第三，深入刻画及省略概括，主要建筑重点刻画，其材料质感、光影变化均予以充分表现。次要配景则放松省略，充分概括表达（图2-3-26）。

第四，色彩对比，合理运用色彩的对比关系，如纯度对比、色相对比、主次体块的色彩对比关系，有助于突出主体（图2-3-27）。

图2-3-24　　　　　　　　　　　　　　　　　　　　　　　　　　建筑主体的位置

图2-3-25　　　　明暗对比　　图2-3-26　　　　　　　　　　图面的深入与省略

图2-3-27　　　　　　　　　　　　　　　　　　　　　　　　　　色彩对比的运用

3. 光影关系

光影是物体受到太阳光或人造光照射情况下形成的光学现象（图2-3-28），在基础的美术教育训练过程中通过全因素素描的方法培养学习者对于光影的观察力及表现力。在建筑效果图表现中，光影是重要的表现因素，只有在日常生活中仔细观察建筑物不同时段的光影关系，同时仔细分析不同建筑的光影特点并结合素描训练，才能较好地掌握建筑效果图中的光影表现方法。

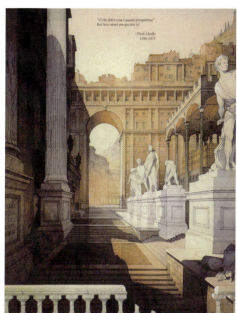

图2-3-28　　　　　　　　　　　　　　　　　　　　　　　　　　　　　　　　　　　　　　太阳光及人造光

（1）光影的作用

光影可以加强空间关系，体现所表现物体与落影面直接的空间关系，展现了落影面物体的形体，对所表现的物体起到了衬托作用（图2-3-29）。

图2-3-29　　　　　　　　　　　　　　　　　　　　　　　　　　　　　　　　光影的作用

（2）光影角度

光影角度的选择应有益于表现建筑的体积感，需充分考虑所表现建筑的朝向并考虑建筑所处地域的维度。绘图前应对所绘场景的时间、季节、朝向做好分析，确定好光影的角度后再进行绘制。准确光影角度可以给人真实的场景感受（图2-3-30）。

图2-3-30　　　　　　　　　　　　　　　　　　　　　　　　　　　　　　　　光影的角度

(3)反光的表现

反光一词有两种含义，一是指光入射在物质表面发生反射的现象，人们管这种现象叫作反光。二是指光源释放出光入射在物质表面进而改变方向发生反射的反射光，简称反光，包括透明物质在内任何物质的表面都会反光，平面物质反射角等于入射角，法线平行，反射光平行，反射光量多所以亮度高。建筑建造材料所用的玻璃、金属的反光均属于此类。凹凸物质表面反射角不等于入射角，法线不平行，反射光不平行，反射光量少所以亮度低。建筑建造材料中的砖、瓦、石、木均属于此类。掌握不同材料的反光规律并在建筑效果图表现过程中，注意刻画不同材质的反光差异，可以有效地区分不同的建筑材料，同时明确不同材质上的反射内容，达到很好的表现效果（图2-3-31）。

图2-3-31　　　　　　　　　　　　　　　　　　　　　反光的表现

(4)倒影的表现

倒影从字面上解读为倒立的影子。倒影也是反光的一类，是光照射在平静的水面上所成的等大虚像（图2-3-32），成像原理遵循平面镜成像的原理。在建筑效果图表现中常被运用于邻水建筑及雨后的场景中。表现时应首先确定倒影的镜像线，以倒影镜像线为中心垂直镜像实体物象。水面在受到外界干扰时会产生不同程度的波动，除静水面外，大多数倒影均会因水面波动产生与实体物象的差异。在绘图时可根据图面需要进行合理的艺术加工，以达到较好的表现效果。

(二)综合与提升

当熟练掌握建筑手绘效果图的透视原理、构图要领和光影关系后，便可进入综合训练与提升阶段的学习，这一阶段要求学生针对建筑相关的材料和图面配景进行逐一的练习，主旨在于提高学生对图面细节的刻画能力。待材料和配景绘制纯熟后可进行小型建筑单体和建筑群落的综合训练，重在培养学生图面绘制的全局意识。

图2-3-32　　　倒影的表现

1. 材料质感

在手绘表现中，材料和质感是重要的元素，能表达出不同的感受和意义，对于艺术作品的深度和完整性起着至关重要的作用，可以更好地吸引观众的注意力，传达出场景或角色的信息。不同的材料，如金属、玻璃、石材、木材等，以及其各自的纹理特征，能够让手绘作品更好地传达和表现主题，使作品更加生动且更具观赏性。通过细致地描绘材料和质感，例如不同的墙面、地面和顶棚材质，可以为作品创造深度的空间感。利用不同质感的物体互相搭配，如光亮的材质和较暗的材质，能够让空间更加有层次感。手绘作品中的材料和质感表现，让观众在观赏过程中可以感受到物体的质地、触感，以及环境的氛围等，这会让他们更加投入并与作品产生互动，增加作品的参与感和互动性。手绘中的材料和质感表现需要对绘画的技巧有较高的要求。对于初学者来说，通过学习不同材料的表现手法，可以提高绘画技巧，并逐步提高手绘水平。总的来说，材料和质感表现是手绘中的一个重要方面，能够提高作品的深度、完整性和观赏性。同时，也能通过学习和实践，提高自己的手绘技巧和绘画能力。

（1）砖石的表现方法

砖是建筑建造中常用的小型块材，主要用于建筑的墙体及建筑外部的道路。因此也是建筑效果图中经常表现的建筑材料。砖多为长方体，少数特殊加工的砖也有异形体。标准砖的规格为240mm×115mm×53mm（长×宽×厚），包括10mm厚灰缝，其长宽厚之比为4∶2∶1。在砖墙绘制时应注意砖的尺度，不宜过小也不宜过大。绘制砖块的尺寸失调会对建筑的整体尺度产生影响。

砖的颜色有很多种，常用色彩为砖红色、灰色、米黄色、白色等。在细部刻画过程中，为避免大面积平涂产生的单调，可适当区分砖块的颜色，使图面细节丰富。因多数的砖体表面呈现粗糙的机理，其不会产生强烈的反光效果，在绘制时不可过度强调反光、高光的效果（图2-3-33）。

石头作为一种高端建筑装饰材料广泛应用于室内外装饰设计、幕墙装饰和公共设施建设。石材加工形体可分为板材、块材、粒材。表现时应注重石材的形体尺度及砌筑拼贴样式，展现石材加工的工艺美感。

石材颜色多样，主要颜色有黑、灰、白、黄、红、绿等，设计中也常运用不同颜色的石材做拼花样式。表现时应注意先确定石材自身色彩范围内的明暗色调，同时考虑不同石材的色彩搭配关系，使其在整体色调统一的基础上呈现丰富的变化（图2-3-34）。

图2-3-33　　　　　　　　　　　　　　　　　　　　　　　　砖材质在建筑手绘中的表达

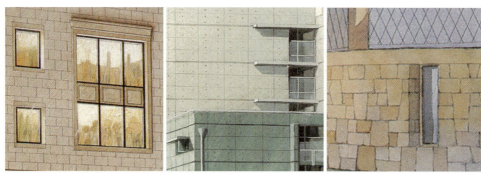

图2-3-34　　　　　　　　　　　　　　　　　　　　　　　　　　　　　　石材质的彩色

石材表面加工方式可分为光面、毛面、机刨面、斧剁面等类型。毛面麻面石材应弱化反光及倒影,主要呈现石材的本色。毛面石材在画之前要先确定其基本色调,在基本色调中强调不同的色彩关系。确定明暗关系后,再对起伏比较大的形体加以强调,以突出毛面石材的视觉特征。光滑石材的特点为反光比较强烈,有明显的镜面效果,而且受环境色的影响较大。在画之前考虑好反光与投影,先用固有色铺设整体的明暗关系,形成一个统一的色调,再添加垂直投影与环境色,增强光滑石材的质感(图2-3-35)。

图2-3-35　　　　　　　　　　　　　　　　　　　　　　　　　　　不同加工工艺石材质的表达

(2)瓦的表现方法

瓦是铺屋顶用的建筑材料,一般用泥土烧成,也有用水泥、树脂、沥青等材料制成的,形状有拱形、或半个圆筒形等,通常搭配尖斜式屋顶。瓦的颜色也很多种,常用的有灰色、红色、黄色、绿色、蓝色等。

屋瓦的表现同样应注重尺度，不宜过大或过小，否则都将影响其与建筑的尺度关系。屋瓦在绘制时应注意屋面的倾斜角度和屋瓦铺设的叠压关系。大面积的屋瓦应依据透视近大远小的规律进行绘制，近视点的屋瓦应着力刻画，远视点的屋瓦可根据图面需要适当调整其密度，使其与整体图面关系相协调。中式屋瓦构件因其位置的不同，其功能和形态差异较大，常见的中式屋瓦构件包含筒瓦、板瓦、瓦当、滴水、脊瓦、鸱吻等内容，形态复杂多样，各具特色。在绘制时应仔细研究各个构件的基本样式、尺度关系及建构规律，这样才能做到表达准确（图2-3-36）。

图2-3-36　　　　　　　　　　　　　　　　　　　　　　　　　　　　　　　　　　瓦材质在建筑手绘中的表达

（3）木材的表现方法

木材泛指用于建筑建造的木制材料。木材作为一种天然材料，其纹理呈现一种独特的美感。木材的纹理也是建筑表现的重点和难点。

木材纹理是指木材体内轴向分子排列方向的表现形式。在单线表现过程中应注意木纹生长的规律性，相邻的纹理近乎平行，同时疏密有致。木材在加工过程中，为保证其强度通常沿木纹的纵向方向进行切割。在表现木纹时也要遵照材料的加工特性，纹理绘制沿长边方向勾勒。

由于木材纹理深浅不一，在单线绘制木材的纹理时，相较于木材体块的外轮廓线可适当细弱，形成藕断丝连的笔意。木材纹理的表现应从整体图面效果出发，绘图者应对纹理进行主观取舍，不宜过分写实，使木纹呈现一定的装饰性效果，起到调节图面节奏的作用。

木材的着色在注重大的体块表现和图面整体效果的基础上，应充分考虑不同品种木材的颜色差异。同时木纹自身也存在着颜色的深浅变化。木材虽自身无强烈的反光，但在实际建造过程中，为保证其耐久性，会在其表面涂刷油漆，使木材表面呈现一定的反光效果。因此，在大面积着色完成后，可根据图面的光影关系，利用白色彩色铅笔或高光笔对木材高光进行绘制（图2-3-37）。

（4）玻璃的表现方法

玻璃是继水泥和钢材之后的第三大建筑材料，主要用于建筑物的门窗、墙面、室外装饰等，起着透光、隔热、隔声、挡风和防护的作用。其作为现代建筑中最为常见的材料，是日常建筑手绘表达中的重点，同时因其具有透明的特殊属性，也是众多材质表现中的难点。玻璃的表现有三种方法：

第一种是全透视表现，需要刻画出室内空间，此种方法空间层次表达丰富，需注意室内空间的明暗关系，室内空间的表现应注意概括与取舍（图2-3-38）。

图2-3-37　　　　　　　　　　　　　　　　　　　　木材在建筑手绘中的表达

图2-3-38　　　　　　　　　　　　　　　　　　　　全透视表现

第二种为全反射表现,此种方法主要注重室外环境对建筑的影响,需绘制建筑外部的空间环境反射到玻璃的物像(图2-3-39)。

第三种是透明与反射结合表现,将透视的室内空间与反射的室外空间结合绘制,通常应用在高层建筑的表现过程中。建筑的上部由于距离较远、室内空间可见性低,因此上部玻璃主要反射天空云彩,而下部玻璃距离观者较近,可见性高,主要绘制透视的室内空间(图2-3-40)。

图2-3-39　　　　　　　　　　　　　　　　　　　　　　　　　　　　　　　　　　　　　　全反射玻璃

图2-3-40　　　　　　　　　　　　　　　　　　　　　　　　　　　　　　　　　　　　　透明与反射玻璃

（5）金属的表现方法

金属是建筑建造中应用最广泛的一种材质，金属表面材质大致分哑光类和高光类两种，其中哑光类不具有高反光的特性，颜色主要以固有色为主，表现难度不大（图2-3-41）。

高光类的金属表面由于其镜面反射特性，受周围环境色影响比较大，是日常金属类材质表现训练的重点。金属的镜面反射特点是物体表面比较光滑，光线入射时仍会平行从一个方向反射出来，所以我们看到的效果就会是高光比较强，形状清晰（图2-3-42）。在选择金属固有色的时候很多同学会陷入误区，一味去提亮高光却发现整体感觉还是很像塑料，并且高光怎么都提不出来。这个时候大家可以明确一个概念"高光是对比出来的"，可以通过压暗重色对比出高光的明度，交界线区域暗、高光亮的对比就会让金属质感更强烈。

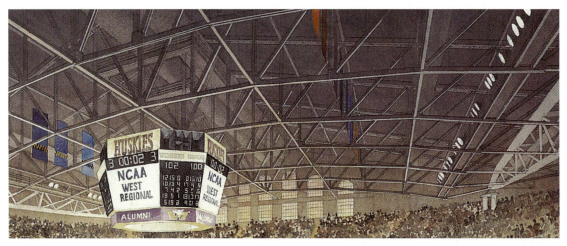

图2-3-41　　　　　　　　　　　　　　　　　　　　　　　　　　　　　　　　　　　哑光金属的表现

图2-3-42　　　　　　　　　　　　　　　　　　　　　　　　　　　　　　　　　　　高光金属的表现

2. 氛围营造

（1）植物配景的表现方法

植物在我们生活中不可缺少，无论是室内和室外都是如此。在当今人们对自然环境和绿色气息要求越来越高的情况下，绿色植物在室内外建筑设计中也更加重要。植物作为常用的建筑效果图配景，在表现上应注重尺度、种类等因素。根据图面的表现要求，作为配景通常不宜过分强调其形态和动感上的变化。表现时需抓住它的形态与生长特点，从图面的整体性出发进行艺术处理和高度概括（图2-3-43）。

图2-3-43　　　　　　　　　　　　　　　　　　　　　　　　　　　　植物配景建筑手绘

（2）天空配景的表现方法

天空是建筑表现的重要配景，其对图面风格、色彩、情绪、氛围均具有强烈的影响。根据图面的风格和主题的不同，天空可以表现得很简洁，也可以表现得很丰富（图2-3-44）。

图2-3-44

天空丰富表达

比较简洁的天空，主要以平涂和分染相结合的手法进行绘制。绘制时应注意天空由上至下的色彩变化，上下过于一致，会显得图面死板，缺少变化（图2-3-45）。

复杂的天空表现主要体现在云彩的绘制。云是漂浮在天空中的水蒸气，其特点是形态多样、色彩受光照影响而变化。在云的表现上首先应注意其体积，注重其外形和边界的处理，在体块上注意其自身的明暗关系；其次，云的造型多为弧形团块，需注重团块的体积、弧度、疏密、组团关系等；最后，云在空中受到风的影响，会形成强烈的运动感，在绘制时应注重其运动的方向性和连贯性（图2-3-46）。

图2-3-45　　单纯天空

图2-3-46　　手绘云彩

3. 构筑元素

(1) 小型建筑的表现方法

小型建筑是建筑手绘体块及构筑元素训练的初级训练内容。由于其建筑体量较小、整体造型和建构方式相对简单，易于初学者进行入门级训练。

小型建筑绘制需选取其最佳观赏角度，选用宜人的透视角度和高度，视高不宜过高，视距不宜过远。构图上应注意建筑在图面的主要位置，不宜过小，图面构图饱满充实（图2-3-47、图2-3-48）。

小型建筑的建造材料通常不会太过多样，材质及色调的表达应趋于统一。因此在表现时应注意对图面色彩整体把控，配景表现宜选择与建筑主体相呼应的色彩，不宜反差过大。太多纷繁的色彩关系，容易导致图面混乱无序，不分主次。过程中宜打破主观的刻板认知，从图面的最终表现效果出发，是初学者应注意训练的重点（图2-3-49、图2-3-50）。

图2-3-47　　小型建筑设计表现

图2-3-48　　小型建筑设计表现

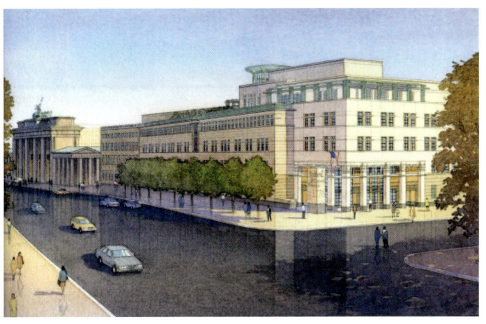

图2-3-49　　　小型建筑设计表现

图2-3-50　　　小型建筑设计表现

（2）大中型建筑的表现方法

大中型建筑通常体量较大，高度较高，建筑的细部复杂，表现内容繁多，表现难度较大。需要绘图者以较丰富的经验去仔细推敲所表现的建筑各方面因素，是中高级手绘表现的训练课题。大中型建筑的画幅较大，绘制周期也比较长，需要具有较强的图面把控能力。绘制正稿之前需对图面的构图、透视、色彩关系进行多种草稿的研究，在做好充分的准备之后进行正稿的绘制工作。

线稿，即效果图的线描草稿，是对设计方案初步构想的表达，是设计师将脑海设想的方案通过手绘的形式逐步呈现到纸面的过程，此阶段需运用透视原理，研究解决图面的视角、视高、视距等问题，并运用构图法则解决图面构图问题。过程中建筑的体块关系、构造细节、建筑与周边场域的关系也是研究的重点。此阶段草图需反复推敲,最终目的是以最佳的视角及图面关系呈现建筑设计方案(图 2-3-51)。

色稿,即色彩草稿,是在线稿草图的基础上运用着色工具快速地铺设图面色彩关系的方法,此过程中需推敲图面色彩、冷暖、明暗,初步确定图面的色彩调性,研究图面各部位的着色的技术和方法,为正式着色做好充分的准备(图 2-3-52)。

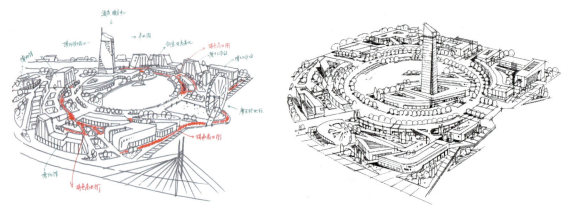

图2-3-51　　　　　　　　　　　　　　　　　　　　　　　　某特色小镇规划草图(吴文超/2017年)

图2-3-52　　　　　　　　　　　　　　　　　　　　　　　　某特色小镇规划色稿(吴文超/2017年)

正稿，即最终的设计表达。经过前期对线稿和色稿的反复推敲、研究、实验，画者对图面的最终效果了然于心后，便可进入效果图的正稿绘制阶段。该阶段图幅较大，表现内容及细节繁复。需要画者具备足够的耐心和较强的图面控制能力。除对图面整体效果进行把控的同时，也要照顾到建筑细节的刻画。建筑通常作为图面主体，应着重刻画表现，周边环境及配景要根据图面具体情况进行概括刻画，不能喧宾夺主（图 2-3-53）。

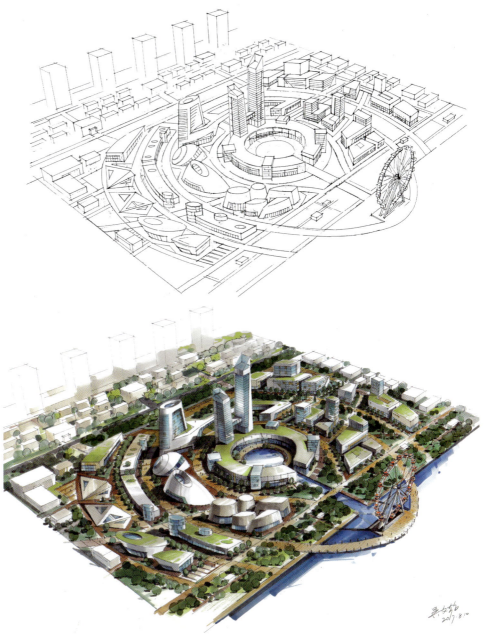

图2-3-53　　　　　　　　　　　　　　　　　　　　　　　　　某特色小镇规划手绘表现（吴文超/2017年）

在大中型建筑的起稿过程中，为使建筑能够完整地纳入图面，通常透视上视距较远。在采用两点透视法进行起稿时，建筑体块的灭点在画纸外的较远处，这无疑给线稿的绘制增加了极大的难度。建议绘制者将画板和灭点的相对位置同时固定，直到图纸绘制工作全部完成（图2-3-54）。

图2-3-54　　大中型建筑表现图1

由于建筑体量较大，建筑外立面上的窗、柱、墙等构筑元素均比小型建筑增加了很多。这需要绘制者在起稿过程中具有较好的耐心，严格依据透视原理进行线稿的描绘。这一步骤极为关键，不可因为繁复的细节刻画而失去耐心，草草了事，这将极大地影响后续着色工作的精度，进而影响图面的表现深度和质量。

天空、外墙、玻璃幕墙等大面积的着色工作也是大中型建筑表现的难点，需要绘图者优选合适的表现材料。颜色的调配要充足，大体量的建筑在室外复杂光影的影响下，不同块面形成不同的渐变效果。表现时可利用分染等技法，以避免图面的沉闷死板（图2-3-55）。

（3）基本流程

第一步：线稿构图，做好前期构思后，可以开始起稿，通常运用铅笔及尺规画出透视稿。由于在透视稿中难免会进行修改和调整，为保证图面的干净整洁，完成透视稿后初学者可进一步通过拷贝台进行过稿，完成正式画稿。经验丰富的设计师可直接完成透视准确的正式稿，为下一步的着色工作做好准备（图2-3-56）。

第二步：环境铺色，首先需要铺大面积的颜色，确定好图面的基本色调。绘制过程中一般要由大到小，从灰到纯，由远及近，逐步进行（图2-3-57）。

Hand-Drawn Expression in Environmental Design Types and Training

图2-3-55 大中型建筑表现图2

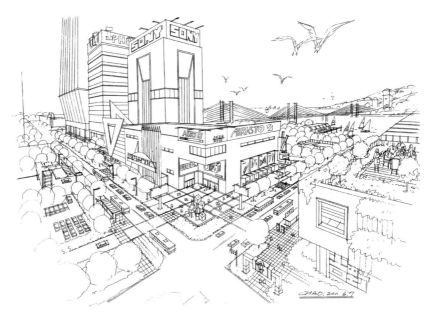

图2-3-56 线稿构图（吴文超/2011年）

图2-3-57
环境铺色
（吴文超/2011年）

第三步：深入刻画。大面积铺色后，便进入深入刻画阶段。深入刻画是把图面中小的、重要的物体进一步刻画处理。刻画中需注意笔随形体、刻画结构、运笔利落清晰（图2-3-58）。

第四步：整理完成，整理阶段是对图面细节的补充和全局的调整。此阶段需注意形体的收线及精彩部分的刻画，人物、植物、车辆等配景均需准确利落（图2-3-59）。

图2-3-58
深入刻画
（吴文超/2011年）

图2-3-59　　　　　　　　　　　　　　　　　　　　　　　　　　　　　　　整理完成（吴文超/2011年）

（三）问题之解析

手绘效果图是绘图者综合能力的体现，既与绘图者对构图、透视的运用能力有关，也与其对画面的细节刻画、色彩修养、总体把控能力有关。多种因素综合影响下，体现了绘图者对设计的理解以及审美认知。初学者在学习过程中难免出现一系列的图面问题，其中常见问题主要有以下几个方面。

1. 线稿问题

线稿绘制是绘图的第一步，也是整个图面表现的基础。在绘制线稿的过程中，初学者常常急于求成，导致图面透视关系错误、构图不佳及细部描绘不足。最终因基础线稿的种种问题引起一系列的不良连锁反应，为后续的绘图阶段增添不必要的麻烦。因此在线稿的绘制中应提前绘制小稿，以推敲构图，在确定图面构图后再严格按照透视法则进行绘制，避免出现透视不准的问题。对细节的勾勒更不可急躁，应仔细分析建筑或环境的结构，沉着绘制，不可潦草（图2-3-60、图2-3-61）。

2. 着色问题

着色过程中经常出现图面色彩关系生硬和错乱的问题（图2-3-62）。因此在日常训练过程中应控制图面的色调。图面色彩需要根据所绘制建筑主体颜色明确色彩的主基调，配以补色，不可喧宾夺主。

3. 刻画深度问题

刻画不足是初学者常见的绘图问题。反应在图面上通常表现为仓促潦草，缺少对图面关系的梳理（图2-3-63）。面对此类问题，应在作画前注重对图面各构件关系的分析与梳理。日常应注重对建筑及周边环境的深入观察与联系。

图2-3-60
构图问题

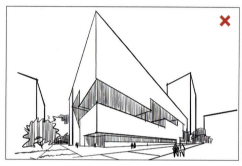 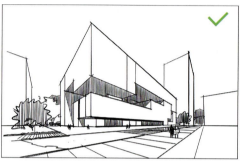

图2-3-61
透视问题

图2-3-62
着色问题

图2-3-63
刻画问题

Appreciation and Expansion

第 三 章
赏析与拓展

　　欣赏与研读好的设计表现作品是初学者快速提升审美能力的必经之路。在赏析过程中的技法认知和情感触动都会从欣赏者的具体感受出发，实现由感性阶段到理性阶段的认识飞跃。设计表现作品的形象、内容会根据观者的思想感情、审美趣味和艺术观点对其加以补充和丰富。长期主动运用自己的视觉感知、过往的经验和文化修养对优秀的设计表现作品进行感受、体验、联想、分析和判断，即可获得极高的审美享受。研学者如能博采众长，从中有所感悟并付诸实践，必将受益匪浅。

第一节
设计手绘作品赏析

Appreciation of Hand-Drawn Design Works

　　手绘表达技法训练是一个循环的过程，包括训练、总结、学习、再训练。因此，一旦手绘技法达到一定水平后，想要继续进阶往往需要不断高质量资源的输入，以此来提高手绘认知水平。通过在大师作品或者优秀的手绘表现作品中汲取养分，不仅学习他们经典作品的绘制过程，更重要的是学习他们如何通过手绘传达设计思维与逻辑，从而探寻适合自己并形成具有鲜明个人风格的手绘表现。

一、写实风格——具象的美学表达

以写实为主的设计表达,在手绘经典作品中占有较大比重,一方面源于设计者对还原现实的追求,另一方面则因具象美学表达在设计绘画中长期占有主体地位,更符合设计表达传递设计细节和说明内容形式的需求。此类手绘风格既保留真实感但又不失艺术性,在数字媒介还没有普及的时期受到追捧,是设计表达最主要的形式,也是设计师必备的基本功。因此,很多画家也是建筑师,建筑师也是画家。写实风格的手绘表达需要极扎实的绘画基本功,并且需要有一定的耐心才能做到,所以学习写实风格的手绘表达不仅可以夯实绘画基础,还可以让自己静下心来领会具象手绘表达的美学意境。写实风格手绘在当代经常被运用到追求设计细节的商业景观设计中(图 3-1-1~图 3-1-8)。

图3-1-1　　　　　　　　　　　　　写意风格教堂建筑 [史蒂芬·特拉弗斯(Stephen Travers)/澳大利亚]

图3-1-2　　　　　　　　　　　　　写实风格建筑钢笔稿(Thibaud Herem/法国/2017年)

Hand-Drawn Expression in Environmental Design Appreciation and Expansion

图3-1-3
写实风格街景
（李蓉晖/2006年）

图3-1-4
写实风格建筑
（李蓉晖/2008年）

图3-1-5　　　　　　　　　　　　　　　　　　　　　　　　　写实风格滨河景观（李蓉晖/2007年）

图3-1-6
写实风格建筑
（卡普兰·麦克劳克林·迪亚兹/美国）

图3-1-8
写实风格景观
（托马斯·夏勒/美国）

图3-1-7
写实风格建筑表现
（托马斯·夏勒/美国）

二、写意风格——抽象的哲学升华

写意风格是与写实风格截然不同的表现方式，如果写实风格是沉静内敛的，那写意风格就是热情外放的，最具代表性的就是中国山水画，以虚映实、以少现多的绘画风格。绘画做到加法并不难，但做减法却十分考验个人绘画修养与功底，写意风格的手绘表达亦是如此。因此，写意风格的手绘表达是在大量具象绘画实践的基础上抽象的哲学升华（图 3-1-9～图 3-1-17）。

图3-1-9　　　　　　　　　　　　　　　　　　　　　　　　　　写意建筑表达（张扬/2015年）

图3-1-10　　　　　　　　　　　　　　　　　　　　　　　　　写意风格景观（李蓉晖/2005年）

图3-1-11
欧式建筑写意风格(托马斯·夏勒/美国)

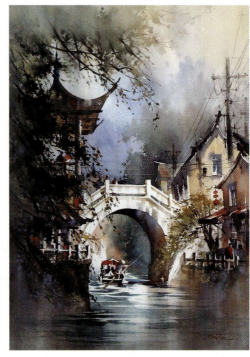

图3-1-12
江南水乡写意风格(托马斯·夏勒/美国)

图3-1-13　　　　　　　　　　　　　　　　　　　　　　　　　　　　欧式街景写意风格(托马斯·夏勒/美国)

街巷效果图
沿街建筑立面增加商业氛围；边角以植物填充，道路铺装因新旧而不同处理。

西入口北向鸟瞰图

西入口南向鸟瞰图

东入口鸟瞰图

中心区鸟瞰图

图3-1-14

写意风格方案设计（陈挥）

图3-1-15　　　　　　　　　　　　　　　　　　　　　　　　　写意风格商业景观（陈超）

图3-1-16　　　　　　　　　　　　　　　　　　　　　　　　　图3-1-17
写意建筑表现　　　　　　　　　　　　　　　　　　　　　　写意风格景观
（M·萨利赫·马丁/美国）　　　　　　　　　　　　　　　　（李蓉晖/2007年）

第二节
设计案例手绘表达

Hand Draw
Expression
of Design Cases

在手绘表现图中,必须对具体环境的空间结构、家具布置、材质变化、明暗光影、软装植物等内容进行真实的描绘并赋予较高的艺术表现力,这是手绘表现图的基本特征和魅力所在,充分体现了设计师的徒手表现功力,更能反映其独特的美学认知。由于表现形式和方法的不同,呈现效果也有较为明显的区别,有缥缈晕染的水墨效果,有油墨重彩的油画效果,也有斑驳绚烂的彩铅效果。表现图最终表达的是设计师自己的主观意图和构想,图面强调的是"现实仿真性",对室内的环境进行真实的表现与描绘,不仅具有艺术美感,更重要的是从图中传递出空间环境的设计细节。创新性是设计的灵魂,同样也赋予了手绘表现效果的多样性,要表现独特的设计风格和彰显个性特征,就要在真实表现的基础上不断探索。

一、设计案例:艺术美学的再现

在手绘表现图的呈现风格中,颜色温润典雅、空间柔和端庄,具有艺术美学特质的图面别具特色,该种类型的表现图不仅能准确地表达出空间设计的完整透视效果,对于家具和软装的刻画也是细致入微,丰富的色调和细腻的质感为图面增添了较强的艺术性(图 3-2-1~图 3-2-7)。

图3-2-1
家居空间表现图
(种夏、沙沛/2002年)

图3-2-2　　　　　　　　　　　　　　　　　　　　　　　　　　　　家居空间表现图（沙沛/2002年）

图3-2-3　　　　　　　　　　　　　　　　　　　　　　　　　　　　客厅空间表现图（陈红卫/2002年）

图3-2-4　　　　　　　　　　　　　　　　　　　　　　　　　　　　客厅空间表现图（王娟/2006年）

图3-2-5　　　　　　　　　　　　　　　　　　　　　　　　　　　　卫生间表现图（王娟/2006年）

图3-2-6　　　　　　　　　　　　　　　　　　　　　　　　　　　　卧室空间表现图（王玮璐/2019年）

图3-2-7　　　　　　　　　　　　　　　　　　　　　　　　　　　　客厅空间表现图（王玮璐/2019年）

二、设计案例:自由灵动的塑造

在手绘表现图的表现风格中,构图富有张力、用笔自由灵动,色彩绚丽凝练,极富现代艺术气息,在表现上不拘泥于烦琐的细节,以表达空间的整体形态和色彩关系为主的方案类表现图,也是常见的表现类型,要求设计师具有较高的形体和色彩的把控能力,快速即兴地画出高对比度的层次关系(图 3-2-8~图 3-2-12)。

图3-2-8　　　　　　　　　　　　　　　　　　　　　　　　　　　　公共空间表现图(杨健/2012年)

Chapter Three 环境设计手绘表达

图3-2-9 公共空间表现图（杨健/2013年）

图3-2-10　　　　　　　　　　　　　　　　　　　　　　　　　　　公共空间表现图（陈红卫/2010年）

图3-2-11　　　　　　　　　　　　　　　　　　　　　　　　　　　公共空间表现图（陈红卫/2006年）

图3-2-12　　　　　　　　　　　　　　　　　　　　　　　　　　公共空间表现图（王玮璐/2020年）

三、设计案例：理性张力的典范

在手绘效果图的表现风格中，有一种画风具有较为严谨的构图、准确的透视、细致的造型与富有张力的色彩，是效果图中严谨与理性的代表，具有高纯度色彩的感染力和夸张的透视效果，在手绘表现图领域别具一格（图3-2-13）。

图3-2-13　　　　　　　　　　　　　　　　　　　　　　　　　　公共空间表现图（王玮璐/2020年）

第三节
新媒介环境设计
手绘表达

New Media Environmental
Design Hand-Drawn Expression

近二十年来，数字媒介在设计表达的应用日趋普及。设计从业者及设计学习者运用数字媒介进行设计表达已成为常态化。从传统的架上、台上绘图转向数位、触控的移动端绘图所带来的不仅是技术的转变与革新，同时也促进了更多设计表达观念及图像风格的产生。数字媒介的普及将传统手绘表达中诸多的技术难点大幅降低。与此同时三维建模技术及数字渲染技术已日趋成熟，照片级渲染质量，分秒级渲染逐步替代了传统的手绘表达方法。三维技术的冲击给设计从业者一个新时代的议题，手绘表达的目的、意义与价值何在？

一、新媒介在设计中的应用

数字媒介时代传统绘图的技术要领和审美要求仍然是手绘设计表达初学者的重要基础。在传统媒介中所强调的构图规律、透视方法、光影关系、塑造手段、配色原则仍然是重要的评判依据。无论工具如何更新，设计表达为设计创意的服务宗旨不变。设计表达仍然是呈现设计从业者及绘图人员对设计的态度、理念、审美及追求的一面镜子。

商业多元走向和蓬勃发展，为设计表达提供了更加广阔的发展空间。跨界、交融、互联成为图像表达的常态，打破传统技术壁垒后，运用数字媒介的手绘图像表达呈现多方向、多维度、多样性的面貌。三维技术、摄影摄像技术也逐渐成为数字化手绘表达的重要辅助手段。借助数字媒介的手绘表达也从传统的空间设计、产品设计、服装设计向全新的方向延展，影视动画、游戏场景、软件开发、移动 App、网络商业推广等领域均成为手绘表达的需求端，为手绘表达从业者提供了大量施展才华的机会。设计者依托个人才华的同时结合不同的市场需求衍生出大量风格迥异的作品（图 3-3-1）。

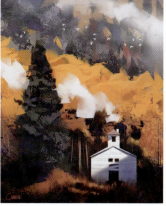

图3-3-1　　　　　　　　　　　　　　　　　　　　　　　　　　　　　　　　数字媒介作品

图3-3-1 数字媒介作品（续）

二、环境设计手绘表达中新媒介运用

环境设计作为受众广大的设计专业方向,其在社会发展中具有重要的影响。针对环境设计表达的新技术、新媒介也是设计师不断研究和探索的重要内容。如何突破传统表现技术,高效率、高质量、个性鲜明地传递设计想法,表现设计方案是这一过程的研究重点。因此,数字媒介成为环境设计师争相尝试和探索的重要途径。数字媒介打破传统纸媒介限制,摆脱传统表现材料的束缚。伴随 ipad 等移动设备的普及,以及具备携带方便、移动办公、表现灵活、存储量大、互联分享等突出特点。近几年,运用 iPad 进行手绘表达的手段已经在教学和行业中逐渐普及,丰富多样的环境设计手绘表达风格被设计师创造出来,对设计教学和设计行业起到了极大的推动作用(图 3-3-2、图 3-3-3)。

图3-3-2　　　　　　　　　　　　　　　　　　　　　　　　　　　数字媒介作品(胡浩洋/2021年)

图3-3-3　　　　　　　　　　　　　　　　　　　　数字媒介作品（洪砾文/2021年）

附　录
APPENDIX

课时安排　64课时（16课时×4周）

章节	课程内容		课时
第一章 概念与基础 （6课时）	第一节　手绘设计表达的 专业定位与社会功能	一、手绘设计表达的专业定位 二、手绘设计表达的社会功能	1
	第二节　历史与发展中的设计表达	一、专业表达的历史流源 二、中西方绘画对设计表达的影响	1
	第三节　影响表达的因素	一、基础——绘画基础的转换 二、媒介——多材料媒介的应用 三、观念——设计观主导的形式	2
	第四节　手绘表达的原则	一、组织思维的提升性原则 二、传达设计的说明性原则 三、源于自然的抽象性原则 四、高于生活的艺术性原则	2
第二章 类型与训练 （三选二， 48课时）	第一节　室内空间手绘设计表达	一、课程概况	1
		二、作品案例	3
		三、知识点	20
	第二节　景观环境手绘设计表达	一、课程概况	1
		二、作品案例	3
		三、知识点	20
	第三节　建筑设计手绘表达	一、课程概况	1
		二、作品案例	3
		三、知识点	20
第三章 赏析与拓展 （10课时）	第一节　设计手绘作品赏析	一、写实风格——具象的美学表达 二、写意风格——抽象的哲学升华	3
	第二节　设计案例手绘表达	一、设计案例：东方美学的再现 二、设计案例：自由舞动的塑造 三、设计案例：严谨理性的典范	4
	第三节　新媒介环境设计手绘表达	一、手绘表现新趋势之数字媒介 二、数字媒介手绘表现作品赏析	3

参考文献
REFERENCE

[1] 马克辛. 诠释设计手绘表达 [M]. 北京：中国建筑工业出版社，2006.

[2] 杜健，吕律谱. 景观手绘快速表现 [M]. 武汉：华中科技大学出版社，2013.

[3] 李蓉晖. 存在·进化·完善——李蓉晖景观手绘作品集 [M]. 南京：江苏科学技术出版社，2014.

[4] 余春明. 美国名校建筑水彩画集 [M]. 北京：中国建筑工业出版社，2004.

[5] 格赖斯. 建筑表现艺术 [M]. 天津：天津大学出版社，2005.

[6] 让-路易·科恩，蒂姆·本顿. 伟大的柯布西耶 [M]. 张艳晗，译. 武汉：华中科技大学出版社，2020.

[7] 彭一刚. 画意中的建筑 彭一刚手绘建筑表现图集 [M]. 武汉：华中科技大学出版社，2018.

[8] 阿德里安·福蒂. 欲求之物：1750年以来的设计与社会 [M]. 苟娴煦，译. 北京：译林出版社，2014.

[9] 汉诺-沃尔特·克鲁夫特. 建筑理论史——从维特鲁威到现在 [M]. 王贵祥，译. 北京：中国建筑工业出版社，2005.

[10] 希格弗莱德·吉迪恩. 空间·时间·建筑：一个新传统的成长 [M]. 王锦堂，孙全文，译. 武汉：华中科技大学出版社，2014.

[11] 肯尼斯·弗兰姆普敦. 现代建筑：一部批判的历史（第4版）[M]. 张钦楠，等译. 北京：生活·读书·新知三联书店，2012.

[12] 佩夫斯纳. 美术学院的历史 [M]. 陈平，译. 北京：商务印书馆，2016.

[13] 邬烈炎. 艺术设计学科的专业基础课程研究 [D]. 南京：南京艺术学院，2001.

[14] 王受之. 世界设计的历史及其现状——兼谈当代设计教育 [J]. 装饰，1998（3）.

[15] 武鹏飞. 泥瓦匠、行会与学院——建筑教育的传统溯源 [J]. 新建筑，2020（5）.

[16] 杨冬江. "由技入道"——谈环境艺术设计专业表现技法的发展和应用 [J]. 美苑，2004（6）.

[17] 常宁生，邢莉. 从行会到学院——文艺复兴时代的艺术教育及艺术家地位的变化 [J]. 艺苑（美术版），1998（3）.

[18] 李晓瑜. 物与神话——传播学、媒介学视角下的现代设计初期的社会功能 [J]. 美与时代（上），2020（10）.

[19] 任秋影. 构图在艺术创作中的重要性 [J]. 青年文学家，2012（5）.

后 记
AFTERWORD

　　在整个设计绘画历史进程中，所有新工具或技术的出现都会被时间淹没，历史因人的作为而丰富，因突围而演进。所有技术深入的类型分化与形式演进，都绕不开主体笔端外化与形式统领的本质。不同时期的作品既体现着个体艺术审美、形式组织与经验传递的特性，也体现着时代文化审美、艺术形态与生产力发展的共性。在软件替代纸笔共性抹平特性后的不久，以新技术平台的数字手绘从共性中脱颖而出，成为新生的表现形式，成为设计者新的表现领域。故此，动手画图传达设计这件事儿，会受新技术影响，但却不会被替代。

　　绘画与专业学习会为徒手表现打下良好的基础，手绘设计表达虽不同于艺术绘画，但多数时间落笔绘图都是直觉式的，当经验、技术与审美不分彼此，形式再现与艺术追求画上等号，每位设计师的表现图都会展现强烈的个人风格。手绘表现本身就是出离日常，无关视觉而关乎思维与瞬时，通过总结与抽象手法，再现未来的一种存在，它的审美经验既在日常生活中，又超越部分常识，设计师对项目、受众、技术的判断，对艺术、风雅、审美的追求，很大程度都在影响表现过程中的形式再现。

　　作为美术院校设计专业的师生们，不仅会师法前人，也有很多机会师法于艺术，这种努力源于一点职业自觉，希望教材带给未来设计师们持续推动专业边界的生长能量，在职业中探寻自然形态与人工形态，环境诗学与艺术追求的结合度，凝练出个人的文化自觉与文化气质。书稿是在多年课程教学理论与实践基础上，经由教学团队多次讨论、汇编、修订而成，感谢我的研究生程柏龙投入大量时间协助书稿图片的整理工作，设计学院张雨沁、张怡珊、周亚伟三位研究生协助本书的版式设计。教材不能道尽与文化图示、艺术跨界、观念拓展等方面训练与探索，千头万绪都会在后续的教学中一一整理。是为后记，与师生共勉。

王娟

2024 年 12 月 25 日

本教材为西安美术学院 2024 年学科建设资助项目，项目名称："多学科"生态社区地方营建与创新实践，项目编号：202405015。